나무처럼
자라는
집

나무처럼
자라는
집

임형남 · 노은주 지음

인물과
사상사

● 일러두기

 1. 외래어 인명과 지명 등은 국립국어원 외래어표기법에 따라 표기했다.
 2. 단행본은 『　』, 시·수필은 「　」, 영화·노래·그림·라디오 프로그램은 〈　〉로
　　표기했다.
 3. 이 책은 『나무처럼 자라는 집』(교보문고, 2011년)의 개정 증보판입니다.

"

Plain Living and High Thinking

(평이한 생활과 고매한 생각)

"

● 윌리엄 워즈워스(영국 시인)

시간이 갈수록.

『나무처럼 자라는 집』은 2002년 통의동에서 처음 출간되었다. 당시 노은주, 임형남, 나는 '영추문 근처 사무실(S.Y.A)'을 영추문 근처에 열고 각자의 일을 하고 있을 때였다. 그 사무실은 오래된 주택을 두루 수선해서 만들었는데, 아래층에는 사무실을, 위층에는 임형남·노은주 두 분과 그 딸들이 할아버지와 함께 쓰는 주거로 만든 집이었다. 그리고 진돗개 한 마리가 있었는데, 매일 일정한 시간에 섀도복싱을 하는 아주 (이상하게) 부지런한 개였다.

출근을 하면 위층에서 두 딸이 계단을 타고 내려와 머리를 산발하고 내복 차림으로 우리를 맞기도 했다. 직원들은 가끔 노은주 소장님이 요리한 닭칼국수를 같이 먹기도 했고, 동네 골목에서 족구를 하다 골목 어귀의 대학 교재로 꽤 유명한 출판사 직원들에게서 시끄럽다고 주의를 듣기도 했다.

우리가 그 자리에 처음 사무실을 열었을 때 캐나다에 계시던 소설가 박상륭 선생님이 서울에 잠깐 들른 틈에 개업을 축하해주러 오신 것도 생각난다. 선생님은 한여름인데도 캐나다에서나 입을 법한 겨울 양복을 입고 땀을 뻘뻘 흘리시며 덕담을 해주셨다. 지금 생각하면 먼 날들의 기억이지만 어쩐지 기억은 더 생생하다. 그때 골목에 쏟아지던 햇빛도, 마당에 심어진 주목나무의 새빨간 열매도, 여름이면 진드기 소굴이 되어 나무 밑에 무엇을 두지 못했던 단풍나무의 고단함도 눈앞에 있듯이 그려지기도 한다.

처음 그 집을 손보며 임형남 소장님은 우리에게 이렇게 이야기했다. "집이 오래된 더께를 덜어주니 아주 시원해해요." 그 말이 상징하듯이 임형남·노은주 두 분에게 집은 살아 있는 생명체였다. 그것은 나무처럼 자라고, 괴로우면 신음을 내고, 즐거우면 모두에게 복이 되는 그런 생물체였고, 어쩌면 그 이상이었다.

사무실에 일은 없었지만 우리는 일이 없으면 책이라도 써야 한다며 그 시절을 견딜 준비를 했다. 『나무처럼 자라는 집』은 그렇게 나왔다. 아무도 내주는 사람이 없으니 직접 출판사 등록을 하고 나온 책이었다. 당연히 잘 팔리지 않았다. 그래도 상관없었던 것이 임형남·노은주 두 분은 말할 것도 없고,

나와 직원들 모두 아는 사람이 쓴 책을 손에 쥐어본 흥분을 만끽했기 때문이다. 그저 책이 나온 것이 기뻤고, 그게 다였다. 몇 권의 책을 내본 나마저 책은 파는 물건이 아닌 줄 알았다. 그렇지 않다면 어떻게 이렇게 책이 안 팔릴 수 있겠는가?

그런데 『나무처럼 자라는 집』은 정말 나무처럼 자랐다. 아무도 몰래 책이 자랐던 것은 '가온건축'이 자랐고, 두 딸이 자랐고, 임형남·노은주 두 분의 건축이 익어가는 동안이었다. 『나무처럼 자라는 집』은 그동안 자란 만큼 2011년에 증보되어 세상에 그 큰 키를 선보였다. 나는 그게 내가 본 그 나무의 다 자란 키인 줄 알았다. 그사이에 또 두 딸은 대학을 졸업했고, 직장을 얻었고, 임형남·노은주 두 분은 '건축은 땅이 꾸는 꿈이고, 사람들의 삶에서 길어 올리는 이야기'라는 것을 새로운 건축 작업을 통해 실현하고자 했다. 그 이야기를 자양분으로 『나무처럼 자라는 집』은 또 나무처럼 자라는 책이 되었다.

『나무처럼 자라는 집』이 2022년에도 책이 나온다고 했다. 거기다가 노은주 소장님은 이제 박사님이 되었다. 두 딸 중에 하나는 건축 설계를 하고 하나는 일본에서 디자인 일을 한다. 생각해보니 자라지 않는 이는 나밖에 없다. 나밖에 없어서 나는 나무처럼 자라는 임형남·노은주 식구들과 성장하는 사무실을 보며 감탄하는 역할을 맡고 있다.

이 책에는 건축가 두 명의 이야기가 나온다. 하나는 하산 파시라는 실존했던 이집트 건축가고, 하나는 박경리의 소설

『토지』에 나오는 윤보라는 목수다. 하산 파시는 가난한 사람들을 위한 흙집을 지었고, 윤보 목수는 대목으로서 자신의 솜씨보다 진정한 의인으로 평가받는다. 나는 이 두 건축가가 '가온건축'이 추구하는 건축의 모습이라고 생각한다. 나무처럼 자라는 집은 시간이 갈수록 아름다워지는 집이다. 수군거리는 뒤란처럼 깊어지는 집이다. 우리 모습도 꼭 그랬으면 좋겠다.

함성호(건축가, 시인)

여전히 집을 짓고 있습니다.

이 책을 낸 지도 벌써 20년이 넘었습니다. 초판 원고를 썼을 때 초등학교에 들어갔던 우리 집 아이는 대학을 졸업하고 사회인이 되었습니다. 지난 10년은 그전의 10년보다 무척 빨리 지나간 것 같아요. 뭔가 빈 듯 뭔가 가득 찬 듯 많은 일이 있었는데, 일이라는 게 하나씩 순서대로 오는 게 아니다 보니 늘 정신없이 바쁘게 보냈습니다. 저희는 여전히 집을 짓고 있고, 그사이 사무소를 연 지 20년이 지나게 되어 기념하는 행사도 치렀습니다.

이 책을 10년마다 개정판을 낸다면 몇 번이나 낼 수 있을까 하고 생각하며 '나무처럼 자라는 책'이라 부르자고 했는데, 벌써 두 번째 개정판의 머리말을 쓰고 있습니다. 그동안 지은 집만큼 이야기도 많이 쌓여서 어떤 글을 골라야 할지 즐거운 고민을 잠시 했습니다.

여전히 눈을 똑바로 뜨고 세상을 바라보아야 한다고 생각합니다. 또다시 10년이 흐르고 다듬지 못한 이야기들을 책에 덧붙였습니다. 10년 전 첫 번째 개정판을 만들 때, 새로 쓴 글을 모아 '오래된 시간이 만드는 건축'이라는 제목으로 맨 앞장에 두고 자연스레 20년 전 초판의 제1장과 제2장이었던 '우리 주변, 보이지 않지만 존재하는 것들'과 '나무처럼 자라는 집: 상산마을 김 선생 댁 이야기'가 제2장과 제3장이 되었지요. 이번에도 새로 엮은 글들이 '집은 땅과 사람이 함께 꾸는 꿈'이라는 제목으로 제1장이 되고 지난 이야기들이 그 뒤로 줄을 섰습니다.

건축을 하는 것은 사람을 만나는 것이고 땅을 만나는 것입니다. 그리고 여러 가지의 물질을 한 용기에 넣고 휘휘 저을 때 화학 반응이 일어나듯, 그런 만남 속에서 이야기가 만들어지고 상처가 만들어지고 기쁨이 만들어지기도 합니다. 모든 것이 결국 삶입니다. 집을 짓는 것도 삶이고 제가 설계하는 것도 삶이며, 무뚝뚝한 자연의 재료들을 합해서 집을 지어나가는 것도 삶입니다.

2021년 연말에 사무실을 청소했습니다. 청소야 늘 하는 것인데 뭐 특별할 게 있겠습니까만, 이번에는 크게 마음먹고 사무실을 비우는 대청소를 했습니다. 아마 대부분 그런 경험

이 있을 것입니다. 어느 날 생각해보니 혹은 내 주위를 둘러보니 그간 가지고 있거나 지고 메고 다니는 것들의 존재 이유와 그것의 의미를 생각해보지 않고 그저 있었다는 것을 알게 되는 것이죠.

그런 현실을 자각하는 순간, 실존적인 깨달음의 순간은 어느 날 갑자기 찾아옵니다. 그리고 채우는 일보다 비우는 일이 얼마나 어려운가 하는 것도 말입니다. 그동안 세상의 좋은 공간은 많이 보았다고 자부하지만 가장 심금을 울리는 공간은 아무것도 없이 빈 공간, 골조가 완성되어 뼈대만 보이는 원초적인 건축 공간 바로 그런 것들이더군요. 그런 생각을 하면서 정작 책의 두께를 더해가는 것이 괜찮을까 싶기도 했습니다.

예전에 수락산에 오른 적이 있습니다. 여러 사람과 함께 간 길이었는데, 대단히 어려운 등반은 아니었고 산책 나가듯 마실 나가듯 슬렁거리며 농지거리하며 천천히 오르는 길이었습니다. 그래도 간혹 험한 길을 만나기도 합니다.

거의 다 올라갔을 무렵이었는데, 앞에 암벽 정도는 아니었지만 조금 가파른 언덕이 나왔습니다. 몸을 거의 땅에 붙이고 엉금엉금 기어오르는데, 평소에 산을 별로 다니지 않다 보니 제법 고생스러웠습니다. 어렵게 다 올라 비로소 허리를 펴고 뒤를 돌아보니, 일망무제로 펼쳐진 산 아래 풍경과 제가 허위허위 오른 길이 발아래로 보였습니다. 정상에 올랐다는 성취감보다 좋았던 것은 제가 오른 길을 내려다보는 그 기분이었습니다. 그동안 살아온 길을 되돌아보기 위해 산에 오르는 것 같다고 생각했습니다.

그런데 제가 오른 가파른 길이 아니라 옆으로 돌아가면 좀더 쉽게 오를 수 있는 평탄한 길이 있더군요. 아마 인생의 여러 갈래 길을 만났을 때도 미리 알 수 있었다면 좀 편한 길로 갔을 수도 있었을 것입니다. 그러나 중요한 것은 어떤 길로 가든 도달하는 지점은 같다는 것이고, 쉬운 길이 있었는데 왜 나는 어려운 길을 택했던가 하는 후회는 별 의미도 없다는 것입니다.

이 책에 담긴 이야기는 저희가 처음 사무소를 열었을 때의 마음에서 출발합니다. 길은 아직도 끝이 보이지 않고 비틀거린 적도 있지만, 다행히 크게 어긋나지 않고 걸어온 것 같습니다. 그리고 여전히 저희는 땅과 만나고 사람과 만나고 집을 그리는 건축의 즐거움을 누리며 살고 있습니다.

2022년 봄

임형남·노은주

제4장 나무처럼 자라는
집

건축가 두 명이 있습니다. 한 명은 실존 인물
이고, 한 명은 가상의 인물입니다. 하산 파시Hassan Fathy는 이집
트 건축가입니다. 귀족 집안에서 태어나 영국에 가서 건축을 공
부했고, 귀국해서는 엉뚱하게 농투성이나 가난뱅이들을 위해
흙집을 지었습니다.

일반인들의 몰이해와 관료주의의 횡포에 부딪쳤지만, 이
집트의 기후에 맞고 저렴한 흙집을 만들었습니다. 새로운 이론
을 만들었다거나 기술을 비약적으로 발전시켰던 것은 아니었
습니다. 그러나 그의 행위는 혁명적이었습니다. 그는 확신을 가
지고 아름다운 꿈을 현실로 만들었습니다.

우리가 잡은 마을 터 멀리로 풍경을 날카롭게 명상하고 서 있는 멤논의 거상巨像의 비평적 시선을 마주하는 바로 이 장소에다 건축을 시작하기 위해서는 스스로 자신을 믿고 확신을 갖는 건축가이어야만 했다.

윤보 목수는 박경리의 소설 『토지』에 나오는 사람입니다. 얼굴은 얽었고 신분도 그리 높지 않았지만, 솜씨 좋은 목수였고 무엇보다도 사람이 아주 진국이었습니다. 대목은 정승감이 해야 한다고 했습니다. 진중하게 뒤에 서 있다가 도움이 필요한 사람들을 돌봐주는 게 그 사람 일이었지요. 마을의 크고 작은 일들을 결정도 해주고 해결도 해주고 독립운동하는 사람 뒤도 봐주었습니다.

책을 통해 만나본 사람들이지만, 자주 생각납니다. 그들은 그저 그런 기술자였거나, 부잣집 청지기가 아니었습니다. 사회성과 정신을 생각합니다. 새로운 방법론, 새로운 이론, 건축은 자꾸 신기하고 재미있는 쪽으로만 흐르고 있습니다. 그러나 공허하지 않습니까? 사회성이 담기지 않은 문화라는 것이.

저희가 하는 일은 건축 설계입니다. 사람들의 집을 지어주는 일입니다. 그래서 저희는 사람들의 사는 모습에 관심이 많습니다. '지금'이라는 시간과 우리가 살고 있는 곳, '여기'라는 장소.

제임스 조이스James Joyce는 더블린의 끝에 가보고 싶다고

했습니다. 평생 더블린과 그곳에 사는 평범한 사람들을 통해 보편성을 찾고자 했습니다. 보편성이라는 것은 '학學'이나 '이념理念'에서 나오는 것이 아니라 일상에서 찾아집니다. 우리가 구하는 답 또한 여기 가까운 이곳, 이 시간에 있다고 생각합니다. 발을 땅에 딛고.

제1장

집은 땅과 사람이
함께 꾸는 꿈

가
족
풍경.

저는 집에서 일을 많이 합니다. 보통 야근과 철야 근무를 다반사로 생각하는 건축 설계 사무소의 관행에서 벗어난, 약간은 변칙적인 근무 행태입니다. 저녁 6시가 되면 그렇지 않아도 시원찮게 돌아가던 머리가 서서히 속도를 늦추면서 털털털 고장 난 탈곡기 소리를 내기 시작하기 때문입니다. 그래서 〈배철수의 음악 캠프〉가 시작되는 시간, 알고 보니 롤링 스톤스The Rolling Stones의 〈새티스팩션Satisfaction〉(1965년)이었다는 타이틀 음악이 울리며 배철수 DJ의 목소리가 나오기 직전에 칼같이 사무실을 벗어납니다.

그러고는 기쁘게 집으로 들어갑니다. 집으로 들어가는 일은 평생 만 번이 훨씬 넘게 거듭되는 일이지만 항상 좋습니다.

이럴 때 이상국 시인의 「집은 아직 따뜻하다」라는 시를 슬그머니 꺼내서 읽어드리면 좋을 것 같습니다.

> 흐르는 물이 무얼 알랴
>
> 어성천이 큰 산 그림자 싣고
>
> 제 목소리 따라 양양 가는 길
>
> 부소치 다리 건너 함석집 기둥에
>
> 흰 문패 하나 눈물처럼 매달렸다
>
> (중략)
>
> 저 만리 물길 따라
>
> 해마다 연어들 돌아오는데
>
> 흐르는 물에 혼은 실어보내고 몸만 남아
>
> 사진액자 속 일가붙이들 데리고
>
> 아직 따뜻한 집
>
> (중략)
>
> 그래도 집은 문을 닫지 못하고
>
> 다리 건너오는 어둠을 바라보고 있다.

　　가슴이 저릿저릿해집니다. 해마다 먼 길을 돌아오는 연어처럼 어김없이 생각만으로도 따뜻해지는 집으로 매일 돌아갑니다. 집은 아직 따뜻합니다. 집이라는 이름 자체가 '엄마', '고향' 같은 단어처럼 온도를 가지고 있는 듯합니다. 건축이라는 것은 사실 쇠나 콘크리트, 유리 같은 재료로 지어 어딘가 차갑고 무뚝뚝한 구석이 있지만 거기 집이라는 이름이 붙으면 따뜻해집니다.

특히 '우리 집'이라는 말처럼 좋은 말이 또 있을까요? 저는 집에 가면 가방을 열고 밖에서 가지고 들어온 바람을 식탁 위에 좍 풀어놓고 앉아서 일을 합니다. 도면도 그리고 연필이나 수채화 물감으로 그림도 그리고 가끔씩은 글도 씁니다. 그럴 때 집에서 아이들이 떠드는 소리가 섞이면 더욱 좋습니다.

그러고 보면 저는 요즘같이 언택트나 비대면 하는 시기에 아주 적합한, 미리 적응을 마친 유형의 인간이네요. 클래식 음악이 흐르고 따뜻한 조명이 감싸는 그런 우아한 풍경은 아닙니다. 주변에 걷다만 빨래, 펼쳐진 신문, 가방에서 쏟아낸 도면, 연필, 볼펜 등속이 여기저기 널려 있고, 온 식구들이 식탁이라고 부르면서 늘 노트북이나 공책을 펼쳐놓고 어지럽히는 곳으로 모입니다.

아이들에게 이런저런 간섭도 하고 대부분 잔소리를 늘어놓다가 가끔 아이돌 이야기도 들어주면서 일을 하고 글을 씁니다. 그런 생활이 익숙해서인지 어디 조용한 곳이나 일을 위해 마련된 장소에 가면 집중도 잘 되지 않고 일의 진도도 잘 나가지 않습니다. 집의 완성은 그렇게 가족이 모두 제자리에 앉아 있는 풍경이라고 생각합니다.

요즘은 너무나도 유명해진 글씨이며 최근에 보물로 지정

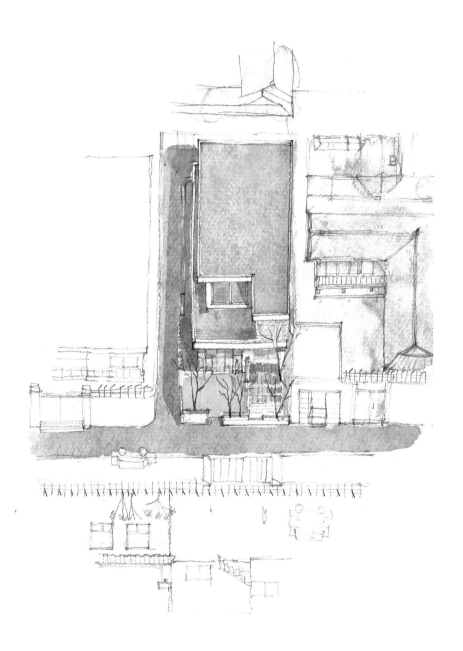

된 추사 김정희의 만년작인 '대팽두부과강채 고회부처아녀손

大烹豆腐瓜薑菜 高會夫妻兒女孫(가장 좋은 반찬은 두부와 오이와 생강과

나물이고, 가장 훌륭한 모임은 부부와 아들 딸 손자 손녀다)'이라는 글

씨가 있습니다.

추사 김정희는 글씨도 잘 쓰고 집안도 좋습니다. 그렇지

만 약간의 왕자병과 못 말리는 이국 취향을 가진 분이라고 알

고 있습니다. 이 글은 추사가 만년에 쓴 글씨라고 하는데, 인생

의 회한과 어떤 무게까지도 느껴집니다. 전통 건축을 답사하러

갈 때 절에 가면 현판, 옛날 살림집에 가면 기둥에 붙은 주련柱聯

을 보면서 창을 못하지만 듣는 귀가 발달한 '귀명창'처럼 보는

눈은 조금 생겼습니다.

추사의 글씨도 그렇게 해남에서 보고 예산에서 보고 경

주에서 보고 해서 나름 많이 보았다고 자부하는 편입니다. 그

중 특히 재미있었던 글씨가 삼성동에 있는 봉은사 대웅전 옆구

리에 지은 작은 전각인 '판전板殿'의 현판입니다. 듣기로는 추

사가 돌아가시기 보름 전에 썼다고 하던데, 그 글씨가 아주 재

미있습니다. 서예로 당대뿐 아니라 우리나라 역사를 통틀어도

맨 앞자리에 놓을 만한 분의 글씨가, 뭐랄까 참 그렇습니다.

동네 점방에서 할아버지가 꾸깃꾸깃한 담뱃갑에 볼펜으

로 꾹꾹 눌러쓴 글씨 같기도 하고, 글씨를 배운 지 얼마 되지 않

은 어린아이의 글씨 같기도 합니다. 어떤 형식에 매이지 않고

크기도 제각각이라 자유롭고 힘이 느껴집니다.

그런데 그것이 최고의 명작 중 하나라고 부른답니다. 대가가 평생을 단련해서 쓴 마지막 글씨가 동심으로 돌아가는 것이고, 살면서 온갖 모임과 만남을 다해보고 마지막으로 가장 가치 있는 일은 가족이 모이는 풍경이라고 말하는 것은 아주 상징적이라는 생각이 듭니다. 저는 그렇게 단출한 식탁에 놓인 소박한 저녁을 먹으며, 어지럽지만 훈훈한 집에 앉아서 매일같이 집을 완성하고 있습니다.

모
두
가

같
이

꾸는 꿈.

이루고자 하는 소망이나 미래에 대한 기대를
흔히 꿈이라고 합니다. 사람들의 꿈은 시대마다 조금씩 다르긴
한데, 제가 어릴 때 또래 아이들의 꿈은 대부분 대통령이나 택
시 운전기사였습니다. 대통령이야 그럴 수도 있다 치지만 택시
운전기사는 좀 엉뚱해 보이는데, 그것은 아마 자동차가 귀하던
시절이라 그랬던 것 같습니다. 그 외에도 외교관, 과학자, 학자
등 많은 꿈이 있었는데 그 목록에 건축가라는 직업은 없었습
니다. 그런데 저는 어느덧 '꿈 목록'에 있지도 않았던 건축가가
되어버렸습니다.

사실 건축은 대학 입학할 때 얼결에 선택한 길이었습니
다. 그러나 '늦게 배운 밤마실에 날 새는 줄 모른다'고 오랫동

안 붙잡고 하다 보니 새록새록 재미도 붙었고 적어도 일을 해주고 욕을 먹지 않을 수준은 되었다고 스스로 평가합니다.

물론 건축가가 하는 일은 집을 짓는 일입니다. 그러나 본질적으로는 사람을 만나는 일이고 함께 꿈을 꾸어주는 일입니다. 많은 직업이 사람을 만나는 일을 하지만, 건축가는 주로 즐거움과 희망을 매개로 사람들과 만납니다. 그 덕분에 꽤나 많은 부류의 사람들을 만나 그들이 꾸는 꿈과 즐거움에 동참합니다.

제가 지어본 중 가장 작은 집은 오래된 상가주택의 옥상 물탱크실과 계단참 사이에 있는, 폭이 2.4미터 깊이가 6미터 정도 되는 작은 공간에 꾸며준 신혼집입니다. 아주 좁았지만 다행히 층고가 4미터가량 되어 복층을 만들어 부족한 공간을 해소할 수 있었습니다. 작은 공간에 화장실과 옷방, 침실 심지어 작은 주방까지 만들어 넣었습니다. 같이 꿈을 꾸고 즐겁게 이야기하는 동안 작은 집은 완성되었습니다.

지은 지 오래되어 습기 먹은 신문지처럼 후줄근해진 상가건물 꼭대기에 작은 선물 상자 같은 예쁜 공간을 끼워넣으니 신혼부부는 물론 건물까지도 기뻐하는 것 같아 덩달아 저까지 흐뭇했습니다. 같이 꾸는 꿈은 참 행복합니다.

지어진 지 80년 된 집을 고치는 작업을 할 때는 그 집에서 자라고 결혼을 하고 가정을 이룬 70대 집주인의 이야기를 들었습니다. 그 집은 어떤 의미이며 어떻게 나이를 먹었으며 어떤 모습으로 남았으면 하는지에 관한 이야기였습니다. 혹은

80년을 넘긴 집에게서 직접 이야기를 듣기도 합니다. 어디가 무겁고 허전하고 답답하고……. 집은 건축가인 저에게 많은 이야기를 해줍니다. 저는 그 이야기를 받아 적고 제가 아는 건축의 언어로 열심히 옮겼습니다. 결국 그 집은 끊어지지 않고 이야기를 계속 이어나가게 될 것입니다.

　인간은 상상을 하고 그것을 이야기라는 형식으로 표현합니다. 그 이야기는 철학이 되기도 하고 소설이 되기도 하고 건축이 되기도 합니다. 저는 설계 사무소를 운영하며 주로 집을 짓지만 책도 16권을 지었습니다. 그렇게 책을 쓸 수밖에 없었던 것은 집을 한 채 짓고 나면 책을 한 권 쓰고도 남을 만큼 이야기가 모이기 때문입니다.

　집을 짓는다는 것은 기초를 깔고 기둥을 세우고 벽을 붙이고 지붕을 덮는 물리적인 일이기도 하지만, 가족의 생활을 깔고 가족의 이야기로 기둥을 세우고 지붕을 덮는 일입니다. 그 이야기는 사람의 이야기이기도 하고 땅의 이야기이기도 합니다. 건축가가 그 사이에 끼어들어 통역을 해주기도 하고 중재를 해주기도 하면서, 집이라는 이야기가 완성됩니다.

집
의

온
기,

건축의 온기.

'인간이 추구하는 궁극의 목적은 행복이다.' 너무나 자명하고 상식적인 말입니다. 고개를 끄덕이며 돌아서다가 문득 '그렇다면 행복이란 무엇일까?'라고 생각하면 막연해집니다. 우리 모두는 행복해야 한다고 굳게 믿고 또한 언젠가는 행복해질 거라는 희망 속에 살면서 한없이 현재의 행복을 유보하며 살고 있습니다.

제 생각에 행복은 '먼 훗날'을 담보하는 추상적이고 모호한 무언가가 아닌 구체적인 어떤 장소입니다. 바로 집이라는 공간이고 집이라는 단어이고 집이라는 온도입니다. 사람들은 그게 그렇게 단순할 리가 없다고 생각하고 더 먼 곳에 더 어렵게 얻어질 것이라고 찾아다니지만, 행복은 바로 우리 집에 있

습니다. 체온이 남아 있는 이불 속에, 햇살이 내려앉은 낡은 소파에, 보글거리는 찌개 냄비 속에 있습니다.

냄새, 맛, 소리, 장면, 공간……. 그런 다양한 감각이 버무려져서 하나의 통일된 인상이 만들어지는데, 궁극적으로 행복은 '온도'라고 생각합니다. 그 온도는 몇 도라고 계량되는 온도가 아니라, 우리 몸 안으로 스며들어오는 온기입니다. 집은 그렇게 얼었던 마음을 풀어주고 딱딱하게 긴장된 근육을 풀어주고 "괜찮아" 하면서 위로해줄 것만 같은 한없이 넓고 넉넉한 품을 가진 곳입니다.

그런데 현대의 집은, 오늘의 건축은 기능과 과시적 형상, 놀라운 조형과 효율에 기본적인 가치를 양보하고 있습니다. 그로 인해 건축의 성공과 실패를 판단하는 기준에 경제성과 데이터, 경이로운 외관이 앞서고, 건축은 점점 온기도 없고 성찰도 없는 기계와 닮아가고 있습니다.

현대 기술의 비약적 발전은 가속도가 붙어, 인간에게는 불가능은 없다고 우쭐댑니다. 어느새 우리는 자신보다 프로그램과 기계를 더욱 믿게 되었습니다. 애초에 사회성과 시대적인 고민으로 시작되었던 현대 건축은 세월이 지나며 인간에 대한 배려 대신 평균과 보편의 수치로 속을 채우고, 인간은 점점 소외되고 도시는 점점 건조해지고 있습니다.

인류를 강제로 정지선에 세운 코로나 시대를 겪으며, 요즘 가끔 우리가 준비해야 하고 회복해야 할 것은 무엇일까 생각합니다. 우리가 다시 중심에 놓아야 할 가치는 무엇인지, 우리는 어디서 진정으로 행복할 수 있을지, 멀리 있는 추상명사로서 행복이 아닌 지금 여기, 바로 우리 곁에 있는 집이라는 구체명사로서 행복을 되찾고 싶습니다. 온기를 품고 인간을 받아들여주고 안아주는 집이 우리에게 돌아왔으면 좋겠습니다.

내
마
음
의

꽃밭.

어느새 모든 꽃이 화려하게 피어나는 봄의
한가운데로 들어섰습니다. 제가 일하는 사무실 뒤편, 허름한
마당 한구석에 꽂아놓은 작대기처럼 비쩍 마른 라일락나무에
도 물기가 돌기 시작했습니다. 다가가서 자세히 들여다보니 나
뭇가지 끄트머리가 바르르 떨리며 열심히 꽃을 밀어올리고 있
었습니다. 봄의 진동을 느끼며 그 앞에서 한참 동안 피어날 꽃
을 응원했습니다.

꽃을 보면 기분이 좋아집니다. 지금쯤이면 온 동네 꽃 소
식이 소란스럽고, 고속도로나 국도에는 꽃 나들이 가는 사람들
을 그득그득 실은 관광버스가 넘쳐날 때인데, 몇 년째 그런 모
습을 보기 어렵습니다. 참 어려운 시절입니다.

그렇지만 꽃은 때를 알아 여전히 피어오릅니다. 성수대교를 타고 한강을 넘을 때 창밖으로 보이는 응봉에는 노란색 페인트를 끼얹은 것처럼 개나리가 가득 피어 있었습니다. 복수초가 피고 산수유가 수줍고 겸손하게 나뭇가지에 달리며 봄은 시작되고, 개나리·진달래·벚꽃이 피어나며 봄은 더욱 화려해집니다.

집을 짓는 일은 안팎의 공사가 거의 끝날 무렵 마당 여기저기에 꽃밭을 만들며 마무리됩니다. 그것은 오랜 시간 징성을 다해 음식을 만들 때 마지막으로 마무리 양념을 하고 고운 빛깔의 고명을 얹는 것과 같은 일입니다. 꽃밭을 만드는 것은 사계절을 집 안에 들이는 일이고, 무미건조한 재료들을 쌓아올린 건축물에 생명의 빛을 더하는 일이기도 합니다.

집짓기를 마무리하며 꽃과 나무를 심을 궁리를 열심히

할 때가 제일 즐겁습니다. 조경이니 정원이니 하는 거창한 말보다 꽃밭이나 뜰이라는 말이 훨씬 와닿고 정겹습니다. 꽃밭을 가꾸는 일은 단지 아름다운 그림을 만드는 것이 아니라 마당을 생활 속으로 넣는 일이고 사람과 꽃과 풀을 섞는 일입니다. 오랜 시간 전해 내려오는 우리네 마당이나 뜰은 무슨 의도로 만들었다고 사람들에게 부리는 허세가 없습니다. 그저 자연의 한 부분을 덜어온 듯 편안합니다.

저는 자주 생명력이 강해 스스로 잘 자라는 들꽃을 꽃밭에 심어줍니다. 흔히 아는 개망초·민들레·애기똥풀부터 깽깽이풀·닭의장풀·세대가리·꿩의비름·긴병꽃풀·바람꽃·너도바람꽃·처녀치마·뽀리뱅이·방가지똥·뚱딴지 등등. 이름도 재미있고 피어 있는 모습도 예쁘지요. 그 꽃들을 불러보는 것만으로도 기쁨과 희망이 솟아납니다.

이번 봄에도 여기저기 집의 여백이나 도시의 여백에 풀을 심고 꽃을 심으려 합니다. 그런 공간적인 여백이 없으면 내 마음에라도 꽃밭을 만들면 좋겠습니다. 그곳에 제가 아는 꽃들을 가득 채우고 이름을 불러보면 바깥에 나가지 못해도 봄의 희망이 솟아날 것 같습니다. 어려운 시기일지라도 걱정과 미움은 걷어내고 각자 마음의 꽃밭에서 희망의 꽃을 피워내기를 바랍니다.

살
강.

        홍명희의 소설『임꺽정』을 읽은 적이 있습니다. 들은 대로 대단한 소설이었습니다. 흥미로운 사건 전개와 살아 숨 쉬는 듯 생생한 인물로 가득했습니다. 그보다 감동적이었던 것은 소설에 넘실대던 우리 옛말이었습니다. 얼쑹덜쑹하다, 부닐다, 바장이다, 군조롭다, 지수굿하다, 되숭대숭 등등. 그 아름다운 말들이 다시 살아나면 얼마나 좋을까, 하여 입으로 소리내 천천히 읽었습니다.

        '살강' 또한 무척 아름다운 말입니다. 입에 넣고 굴리면, 어린 시절 어른들에게 졸라서 얻어낸 알사탕을 입안에 넣고 또르륵 굴리던 느낌이 살아납니다. 하지만 살강은 음식 이름이 아닙니다. 부엌 부뚜막 위에 간략하게 나무판자로 걸친 선반입

니다.

그 위에는 주로 그릇이나 수저가 자리했습니다. 아마 밥을 푸거나 국을 떠서 담기 위해 밥그릇이나 대접을 놓고, 상을 차리기 위해 숟가락과 젓가락을 잠시 놓았겠지요. '살강 아래서 수저 주웠다'는 속담은, 그리 뽐낼 일도 아닌데 공치사하는 사람에게 핀잔줄 때 쓰는 말이랍니다. 물론 요즘 세상에서 그런 속담을 인용해 핀잔을 주면 씨알도 먹히지 않을 것입니다. 살강이 뭔지, 그 아래서 수서를 줍는다는 게 얼마나 대수롭지 않은 일인지 아는 사람이 거의 없기 때문입니다. 도깨비가 까막눈이면 부적이 안 통한다지요.

살강은 요즘 없습니다. 부뚜막이 없어지며 살강도 없어졌습니다. 그 대신 싱크대 위 전기밥솥 옆이나 선반장 안에 식기건조기가 들어가 있습니다. 사실 예전에는 살강뿐 아니라 시렁(방이나 마루 벽에 두 개의 긴 나무를 가로질러 선반처럼 만든 것)도 있고, 덕(나뭇가지 사이에 걸쳐진 시렁)도 있었습니다.

그뿐 아닙니다. 더그매, 고미, 설렁, 꿰방, 누꿉, 가막마루 등 우리 옛집에는 그런 아름다운 말이 알알이 박혀 있었습니다. 2만여 개나 된다는 옛 건축 용어는 우리 건축 문화가 얼마나 풍요로웠는지를 보여주는 귀한 증거입니다.

'쑥바자도 바람 막는다'는 속담도 있습니다. 아무리 하찮아 보이는 것이라도 제몫을 해낸다는 뜻인데, '바자'란 싸리나 갈대 등을 엮어 흙집의 벽 안에 넣거나 울타리로 세우기도 하는 것입니다. 또 누구나 한 번쯤은 여름 오후 한옥 툇마루나 대청에 누워 있다가, 어디선가 불어와 온몸을 시원하게 어루만지며 지나가는 바람을 느껴본 적이 있을 것입니다.

남향 창들은 햇빛을 들이고, 북쪽 창들은 바람을 부릅니다. 대청의 남쪽 창은 아예 없거나 크게 열리게 달아두는 것에 비해 북쪽 창은 상대적으로 크기가 작은 편입니다. 대청 나무 바람벽에 난 창들을 '바라지' 혹은 '바라지창'이라고 부르는데, 겨울에는 닫아서 차가운 북풍을 막고 여름에는 열어둡니다.

이런 아름다운 말들이 근대 이후 현대 건축이 자리 잡는 과정에서 일본말이나 외래어가 주로 사용되는 동안 하나둘 사라졌습니다. 말이 사라지고, 이름이 잊히는 것은 문화가 없어지고 역사가 지워지는 것입니다. 잊히고 있는 그 단어들을 우리가 기억해야 하는 이유입니다.

경
계
가

없는.

충남 금산 어느 언덕에 박공지붕으로 된 소
박한 집을 지은 적이 있습니다. 언론 매체를 통해 그 집의 사진
이 소개되자, 댓글 중에 집 모양이 '일본식 같다'는 이야기가
있었습니다. 사실 우리나라에서 일본식, 즉 왜색이라는 평가
는 주홍글씨 같은 것이어서 그런 이야기를 들으면 누구나 당혹
스럽기 마련입니다. 그러나 당혹감보다는 왜 그렇게 보이는지,
궁금증이 더 컸습니다.

그래서 새삼스럽게 다시 들여다보았습니다. 그 집은 우리
의 살림집을 지금 가장 보편적인 목구조라는 현대의 방식으로
재현하면서, 자연의 풍경이 담기고 빛과 바람이 자유롭게 지나
가는 공간을 의도한 것입니다. 그러나 재료의 한계로 지붕의

선이 직선이 되고 서까래도 각재角材를 쓸 수밖에 없었습니다. 일본식으로 보인 것은 기와를 올리고 용마루를 잡아가는 한옥의 곡선이 없었기 때문일까요? 과연 어디까지가 우리의 것일까요?

한국, 중국, 일본 세 나라는 같은 문화권이고 오랜 시간 서로 영향을 주고받으며 문화가 섞이기도 해서 구분이 쉽지 않습니다. 그럴 때는 가서 직접 보고 경험하는 것이 최고라 생각하고, 몇 년 동안 두 나라를 들락거리면서 그 차이점을 찾아보았습니다. 비슷한 듯 다른 여러 가지 문화적인 차이와 자연을 대하는 방식, 미묘한 지붕의 곡선, 문이나 창의 문양의 차이 등 구별되는 특징들이 조금씩 눈에 들어오기 시작했습니다.

가장 눈에 띈 것은 공간의 경계에 관한 것이었습니다. 두 나라에 비해 우리나라는 공간의 경계가 약간 모호하며 서로 넘나듭니다. 가령 정원을 예로 들어보면, 중국이나 일본의 정원은 그 경계가 칼로 자른 것처럼 선명하고 명확합니다. '여기까지는 정원이고 여기까지는 사람이 앉아서 감상하는 곳.' 그런 식입니다. 경계뿐만 아니라 각 공간의 프로그램도 아주 정확합니다.

그에 비해 우리나라의 정원은 그 경계를 손으로 선을 뭉개놓은 것처럼 아주 흐릿합니다. 심지어 그곳이 정원인지 그냥 풀들이 자라서 만들어진 풀밭인지 구분이 잘 되지 않을 때도 있습니다. 자연의 일부가 인간의 영역으로 자연스럽게 스며든

것 같기도 하고, 무엇보다도 공간이 정지해 있는 것이 아니라 움직이고 살아 있는 것 같은 역동성이 느껴집니다.

그런 특징은 조경뿐만 아니라 건축이나 공예 등 다방면의 밑바탕에 확고하게 깔려 있었습니다. 가령 판소리 마당이나 춤을 추는 공연의 무대와 객석 또한 경계가 없지요. 공연을 하는 사람이나 그것을 감상하는 관객이 같이 흘러갑니다. 얼쑤 하면서 추임새를 넣어주고 박장대소하며 호응해주며 같이 하나의 공연을 만들어갑니다. 최근 다방면에서 우리나라의 문화가 전 세계에서 호응을 얻고 있는 것도, 경계 없이 다양한 영역을 넘나드는 자유로움에 공감하고 열광하는 것이 아닐까 생각합니다.

금
산
주
택.

금산주택은 충남 금산 외곽, 진악산이라는
이름의 산이 마주 보이는 언덕에 있습니다. 남쪽으로 얕은 구
릉과 가까운 거리에 집들이 점점이 박혀 있고, 솟아 있는 산 사
이로 멀리 큰 저수지가 있습니다. 바람이 그 골짜기에서 빠져
나와 이 땅을 거쳐 동네 언덕 사이로 빠져나갑니다.

거주 면적 43제곱미터(약 13평), 마루 26제곱미터(약 8평)
의 소박한 집은 마루에 앉으면 산이 걸어 들어오고, 발아래 경
쾌하게 흘러가는 도로를 내려다보는 시원한 조망을 가졌습니
다. 마당은 널찍하게 비워놓았고, 옥외 샤워장과 데크는 야외
활동을 위해 준비된 공간입니다. 이 집은 교육자인 집주인과
책들과 학생들과 동료 선생님들을 위한 집입니다. 그리고 서양

식 목구조를 적용하되 한국 건축의 공간을 담은 집입니다.

제가 생각하는 한국 건축의 가장 큰 특징은 일본이나 중국의 건축과 달리 공간이 움직인다는 사실입니다. 한국의 건축은 이를테면 정지된 화면이 아니라 동영상처럼 공간과 공간 사이에 끊임없는 흐름이 있습니다. 그리고 내외부의 방들은 그 흐름을 자연스럽게 따라가며 빛과 바람 같은 자연의 요소들이 지나가는 흔적을 담게 됩니다.

한옥 같은 느낌이면 좋겠다는 집주인에게 저는 진악산을 바라보는 동서로 긴 집을 권했습니다. 집의 여러 가지 조건이 600여 년 전의 철학자 퇴계 이황의 집 '도산서당'을 떠올리게 했기 때문입니다.

도산서당은 마루와 방과 부엌으로 구성된 일자형 남향집으로, 북쪽에 산을 기대어 집을 앉혔습니다. 정면에서 보면 오른쪽에 학생을 가르치는 공간인 두 칸 규모의 마루인 암서헌巖栖軒이 있고, 이어서 퇴계의 침실 공간인 한 칸짜리 완락재玩樂齋가 있습니다. 한 칸 반 규모의 부엌은 서쪽에 달려 있습니다. 모든 것이 아주 단순하며 실용적입니다.

아주 작은 집이지만, 큰 생각을 담고 있습니다. 퇴계는 자신을 낮추고 남을 존중한다는 '경敬'의 사상을 바닥에 깔고 단순함과 실용성과 합리성을 추구했습니다. 즉, 그 집은 퇴계 자신이라는 현실과 자신을 만들어주고 지탱하게 해주는 책이라는 과거와 그에게 학문을 배우는 학생들이라는 미래를 담은 집

입니다. 그리고 참 아름다운 집입니다.

작고 소박한 집에 우주가 담깁니다. 그 말만 들어도 마음이 두근거립니다. 제가 원하는 것은 달에서도 보일 정도로 큰 신전과 같은 거대한 집이 아니라, 생각이 담긴 집입니다. 게다가 그 생각이 높고도 향기롭다면 더할 나위가 없겠지요. 도산서당은 우리가 건축가로서 늘 꿈꾸던 그런 집이었습니다.

우리는 대부분 집에 집착하고, 집의 크기에 집착합니다. 현대의 집들은 늘어나는 살림과 욕망을 담으며 커졌습니다. 집은 점점 좁아지고, 사람들은 끊임없이 집 늘리기에 골몰하고 있습니다. '보통의 인간'은 아주 작게 태어나서 아주 작은 집(땅)으로 돌아갑니다. 그런데도 그 삶의 중간에서 자신을 필요 이상으로 키우고, 결국 그 무게에 눌려서 버둥거립니다.

왜 우리는 우리의 몸에 맞지 않는 집을 원하는 것일까요? 우리는 왕도 아니고 신도 아니고 우주인도 아닙니다. 몸에 맞지 않는 옷처럼 집도 사람을 기형으로 만듭니다. 그렇다면 우리에게 맞는 적합한 크기는 얼마만큼일까요? 사람들은 라이프 사이클에 따라 집도 커져야 하고, 그래야만 사회적 성공을 이룬 것이라고 믿습니다. 그러나 화려한 집에 담기는 것은 빈곤한 마음입니다. 어느 날 물밀듯이 밀려오는 존재에 대한 회의처럼, 집에 대한 근원적인 질문에 봉착하게 될 것입니다.

침실과 손님방과 최소한의 부엌과 화장실, 서재가 되는 다락방을 담은 금산주택은 도산서당의 구성을 그대로 닮았습

니다. 금산주택의 건축주는 노후를 아내와 함께 지낼 작고 소박한 집을 원했습니다. 공교롭게도 그는 퇴계와 같이 교육자이자 학자이고, 퇴계가 도산서당을 짓기 시작한 시기와 나이도 같았습니다. 이 집 또한 과거와 현재와 미래가 담기는, 그리고 자연과 조화롭게 마주 보며 학생들과 공존하는 그런 집으로 남기를 바랍니다.

땅
에
대
한
예의.

부동산은 현대에 새로 추가된, 대부분의 한
국인에게 가장 강렬하고 영향력이 강한 신앙입니다. 사람들은
땅에 무엇을 심어놓지도 않고 무한한 과실이 달리기를 원합니
다. 기대에 부응해 땅의 가치는 계속 올라갑니다. 나이와 계층
을 불문하고 그 돈독한 신앙심과 흔들리지 않는 신념은 경이로
울 정도입니다.

2019년 미국 필라델피아에 있는 대학에서 강연한 적이
있습니다. 건축과 학생들과 더불어 다양한 사람이 모여 약간
당황스러웠는데요, 아마 요즘 강하게 부는 한류의 영향도 있었
을 겁니다. 아무튼 진지하게 듣는 그들의 열의에 감복해 열심
히 이야기했습니다.

강연이 끝나고 많은 질문이 이어졌습니다. 첫 번째 질문은 "건축에서 왜 땅이 중요하다는 것인가?"였습니다. 강연 중에 '건축은 땅에서 시작되므로 땅과의 타협이 중요하고, 건축가는 반드시 땅에 대한 존경을 가져야 합니다'는 이야기를 강조했기 때문인 듯했습니다. 오히려 저는 반문했습니다. "왜 땅이 중요하지 않은가요?"

우리나라 국토 면적은 22만 제곱킬로미터이므로 그렇게 넓다고 할 수는 없지만, 산지가 많아 골이 깊고 오래된 땅이라

사연이 많습니다. 다시 말해 우리나라의 땅에는 주름이 많습니다. 예전에 산속에 있는 땅을 사서 농장을 만들기 위해 물길을 돌리고 한참 흙을 덮어 평지로 만든 사람을 만난 적이 있습니다. 그런데 큰비가 한 번 오자 빗물이 모여들어 다시 원래의 물길이 되살아나는 바람에 많은 비용을 들여 정리한 일이 허사가 되었다고 합니다. 땅의 주름은 인간이 보톡스를 맞아 주름을 없애듯 함부로 건드릴 수 있는 것이 아닐 것입니다.

농부와 더불어 건축가는 땅에 기대어 삽니다. 건물을 짓

기 위해 많은 땅을 만나 분석하고 설계하며 일을 진행하는데, 간혹 건축은 땅에 업을 짓는 일이라는 생각이 듭니다. 특히 한 번도 무거운 짐을 지지 않고 바람과 햇빛을 맞으며 숨 쉬며 잘 살던 땅을 파헤치며 공사를 시작할 때는 좀 미안해집니다.

그럴 때 조상들은 땅의 수호신에게 드리는 개토제開土祭를 열고 고유제告由祭를 지내 땅에게 양해를 구하며 시작했습니다. 그것은 땅이라는 자연 혹은 어떤 다른 존재에 대한 예의이기도 합니다. 땅의 상구한 역사에 비해 찰나에 가까울 정도로 짧은 역사를 가지고 있는 인간은 땅에 감사해야 하고 늘 조심해야 합니다. 그것이 오랫동안 전해져온 땅에 대한 우리의 기본 인식이었습니다.

땅에 담긴 이야기와 시간이 가진 힘을 존중하자는 것이지, 옛 사람들처럼 제를 올리자는 것도 아니고 풍수를 따지자는 것도 아닙니다. 땅을 그저 가치가 오를 곳을 찾아 투자하고 적당한 시기에 되팔아 수익을 창출하는 화수분으로만 여기지 말자는 것입니다. 나에게 맞는 땅을 찾고 그 땅과 교감하며 행복하게 살아가는 것, 그것이 우리에게 기댈 자리를 허락해준 땅에 대한 예의입니다.

까
사
가이아.

방금 화산의 분출이 끝난 듯 여기저기 그 흔적이 남아 있는 제주도는 모성이 강하게 느껴지는 땅입니다. 검은 흙과 코발트색 바다, 강인하게 바다를 일구며 살아가는 해녀들이 하나의 풍경을 만들어주는 곳입니다.

바다색이 아주 아름다운 김녕 바닷가에 제주도의 풍광을 그대로 담은 집을 하나 지었습니다. 집의 이름은 '까사 가이아'로, '가이아Gaia'는 그리스신화 속 '대지의 여신'입니다. 또한 '만물의 어머니'이자 '신들의 어머니'로 '창조의 어머니 신'이기도 합니다. 모든 생명체의 모태인 대지를 상징하는 이름을 집에 붙인 것은 이 집의 설계가 처음부터 끝까지 대지에서 비롯되어 완성되었기 때문입니다.

김녕 읍내로 들어가는 도로를 따라가다 보면 푹 꺼진 땅이 하나 있는데, 그 땅은 바다와 바로 맞닿아 있습니다. 도로 건너편에는 언덕이 느릿하게 시작하며 봉긋하게 솟은 오름으로 이어집니다. 처음 땅을 찾아가 보았을 때, 집 지을 땅과 도로를 사이에 둔 야트막한 언덕에 작은 담이 둘러져 있고, 나무가 한 그루 껑충하니 서 있는 곳이 보였습니다. 궁금해져서 그 앞에 가보니 담 안에는 작은 무덤이 하나 있었습니다.

"바람이 분다. 살아야겠다"라는 구절이 유명한 폴 발레리 Paul Valéry의 시가 연상되는 작은 해변의 묘지였습니다. 누군지 모르지만 김녕 바다를 느긋하게 바라보며 누워 있는 무덤의 주인이 부러워졌습니다. 코발트색 바다와 느리게 왔다갔다하는 배를 바라보며 낮잠 자듯 누워 있는 그곳은 아주 강렬한 인상을 주었습니다.

흔히 묘지를 볼 때 느끼는 거리낌보다 편안한 마음이 먼저 들었던 이유는 무얼까 생각해보았습니다. 무덤이나 집은 영계靈界와 속계俗界로 나뉘지만, 사실 그 주목적은 '안식'이 아닐까요? 김녕 주변은 그런 평온함을 주는 땅이었습니다. 한참을 눈부시게 쏟아져내리는 햇살을 받으며 실눈을 뜨고 휴식하는 기분으로 땅을 찬찬히 둘러보았습니다.

바다에 바로 붙어 있는 평온한 땅 북쪽으로는 김녕항이 보이고 남쪽으로는 고양이가 누워 있는 형상이라는 둥그스름한 오름, 괴살메(묘산봉)가 배경이 됩니다. 집 지을 터는 누워

있던 괴살메의 고양이가 천천히 일어나 들을 건너고 2차선 도로를 넘어, 바다에 발을 담그기 전 잠시 쉬는 곳 같았습니다. 말하자면 괴살메와 아주 부드러운 옥색 바다 사이에 슬며시 끼어든 완충지대 같은 곳이었습니다. 그리고 집을 높게 짓는다면, 도로를 지날 때 자칫 바다를 가릴 수도 있는 위치였습니다.

건축주는 이 땅을 오랫동안 소유하고 있던 제주도 토박이 부부입니다. 그들과 처음부터 의견이 일치했던 부분은, 제주도 바닷가의 전망 좋은 곳에서 흔히 볼 수 있는 요란한 형태와 색채를 집어넣은 집은 결코 짓지 말자는 것이었습니다. 단지 원하는 것은 가급적 바다가 훤히 보이는 욕실을 하나 만들어달라는 것이었습니다.

그동안 만나보았던 건축주의 요구사항 중에서도 가장 가짓수가 적고 단순한 바람이었습니다. 땅에 대해 해석하고 집을 구성하는 중요한 과정을 모두 맡겨준 것은 감사한 일이었지만, 한편으로 조금 부담스러운 일이기도 했습니다.

열심히 궁리를 하기 시작했습니다. 가장 중요한 것은 바다를 가리지 않으며 바닷바람에 견딜 만한 집을, 오랫동안 그곳에 있었던 제주도의 돌처럼 단단하게 세우는 일이었습니다. 일단 처음에는 두 층을 고려했던 집의 규모를 줄이고 단층으로 짓기로 결정했습니다. 지붕도 최대한 도로보다 낮게 얹어 바다로 향하는 시선을 막아서지 않도록 높이를 조절했습니다. 이왕이면 그 자리에 옛날부터 있었던 오랜 집처럼 보이면 더 좋겠

© 김용관

다고 생각했습니다.

그래서 건너편 김녕항에서 볼 때 오름을 닮은 모양새처럼 보이도록 지붕 선을 완만하고 둥그스름하게 조정했습니다. 주변 색과의 자연스러운 조화를 고려해 바다를 향한 외벽에는 검은색 제주석을 붙였습니다. 반대로 도로에서 바다를 볼 때는 부드러운 곡선 가벽에서 이어지는 흰 벽과, 바다의 연장처럼 보이는 쪽빛 지붕이 날개를 들며 경쾌하게 이어지도록 했습니다.

땅의 모양이 올록볼록한 비정형이라 건물의 평면은 그 외곽선을 그대로 반영해서 모양을 잡았습니다. 언뜻 보면 심장 모양처럼 생긴 땅의 곡선을 따라 평면을 그리고 지붕을 얹었더니 부드러운 곡선의 입술 모양이 되었습니다. 흔치 않은 입지에 매혹적인 전망을 갖는 땅 위에 내려앉은 입술 모양의 지붕은 눈높이로 바라보는 지상에서는 인식되지 않습니다. 하늘에서 내려다볼 때만 알 수 있는 그 형상은 무수한 비바람을 견디며 살아온 제주도의 강인한 여성성을 상징하는 듯합니다.

동쪽 현관으로 들어와 일상의 휴식으로 들어가는 길을 따라가면, 맞은편 서쪽 끝에 주인이 그토록 원했던 바다가 보이는 널찍한 욕실이 기다리고 있습니다. 욕조에 누우면 눈앞으로 용천수와 올레길(제20코스)이 이어지는 탁월한 전망이 펼쳐집니다.

나머지 공간은 방 두 개와 거실, 주방 등으로 단출합니다. 모두 바다를 바라보는 방향으로 나란히 이어지고, 테라스를 통해 바다에 면한 마당으로 바로 나갈 수 있습니다. 벽도 천장도 완만한 곡선으로 만들어진 내부 공간은 어머니의 안온한 품처럼 따뜻하고, 바다와 오름 사이를 넘나들며 오가는 햇빛과 바람과 바다라는 제주도의 자연으로 채워졌습니다.

보
이
지
않
는
집,
기록의 건축.

건축은 기록입니다. 그 안에서 사람은 흔적을 남기고 기억을 담습니다. 많은 집이 그렇듯, 저도 아이들이 한창 자랄 때 벽에 세워놓고 키를 재어 눈금을 긋고 날짜를 적었습니다. 아이들의 성장과 함께 집에 생기는 나이테를 흐뭇하게 바라보기도 했는데, 갑자기 이사를 하게 되면서 그 기록을 가져갈 수 없어 안타까웠던 적이 있습니다.

산다는 것은 이 세상에 어떤 형태로든 자취를 남기는 일인데, 유목민처럼 떠도는 현대인에게는 쉽지 않은 일입니다. 그럴 때 건축은 삶을 담는 그릇이고, 그 안에서 살아간 사람이 남기는 기록의 저장소입니다.

예전에는 집을 지을 때 구체적인 기록을 남겼습니다. 집의 뼈대를 다 세우고 마지막으로 마룻대(종도리)를 얹을 때, 상량식이라는 의식을 하며 아래서 올려다볼 수 있는 마룻대 배 부분에 '상량문'을 적어 넣습니다. 불과 물에서 집을 지켜주는 용龍과 구龜를 쓰고, 그 사이에 언제 상량을 했는지와 집주인의 신상을 기록합니다.

등 부분에는 공사비 내역 등의 자세한 정보와 집의 안녕을 기원하는 문장을 적어서 얹어놓습니다. 나중에 집을 고칠 때 쓰라고 약간의 논을 집어넣기도 하는데, 마룻대를 들출 정도면 무척 큰 공사가 되리라는 걸 알기 때문입니다. 이 기록을 근거로 우리는 오랜 후에도 문제를 고치는 방향을 정할 수 있었습니다.

사실 우리는 열심히 기록을 남기는 민족입니다. 『조선왕조실록』만 해도, 임금의 한마디 한마디가 고스란히 기록되어 당시 일어난 굵직한 나라의 일들이 생생하게 남아 있습니다. 만약을 대비해서 네 군데의 사고史庫를 만들어 보관했으니 그 치밀함과 정성이 정말 대단했습니다. 손으로 기록하고 그 기록물을 잘 보관하고 전해주는 일은 그만큼 중요했습니다.

그러나 이제 기록들은 보이지 않는 형태로 보존됩니다. 살아가며 쌓이고 있는 우리의 '데이터'들은 이제 공중을 날아다닙니다. 사진이든 글이든 전파의 형태로 누군가에게 전달되고 어딘가로 저장됩니다. 처음에는 스마트폰이나 컴퓨터에 메모리를 차지하고 있었지만, 이제는 포털사이트의 드라이브에

두었다가 편리하게 꺼내 보거나 출력할 수 있습니다. 당장 내 눈에는 보이지 않지만 어딘가에 '데이터 센터'를 지은 구글이나 아마존, 네이버 등의 거대 기업들이 실제로 우리의 기록들을 대신 보관해주는 덕분입니다.

삶의 기억과 추억은 우리 집 선반에 있던 시대를 지나, 존재조차 잘 모르는 어딘가에 보관되어 있다가 소환되기도 합니다. 그렇다면 앞으로의 건축도 어느 날 문득 형태를 감추고 공중에 떠 있다기 우리가 부르면 나타나게 되는 것은 아닐까요? 진정되지 않는 부동산 가격으로 한껏 예민해진 사람들을 보면서 어쩌면 이미 실효성을 잃은 '기록으로서 건축'에 대해 생각해보았습니다.

수
납
되
는

삶에서 벗어나기.

오랜만에 이사를 했습니다. 사실 집을 옮기는 것이 아니고 살림을 옮기는 것입니다. 유목민처럼 이리저리 떠돌며 사는 것이 현대인의 평균적인 삶인지라 이제는 어느 정도 적응이 될 만도 한데, 여전히 살림을 옮기는 일은 귀찮기도 하고 서툴기 그지없습니다.

이사는 살림살이를 평가하는 일에서 시작됩니다. 저는 살림이 무척 단출하다고 생각했지만 객관적인 평가는 그게 아니었습니다. 이삿짐센터에서 이리저리 재어보더니 정량적인 분석과 예상을 훨씬 뛰어넘는 가격을 내놓았습니다. 결론적으로는 짐이 많다는 이야기였습니다. 그럴 리가 없다고 생각하면서 그동안 비대해진 저의 살림과 비로소 대면했습니다.

집 안 여기저기에 마구 쌓아놓은 책과 가구들, 보이는 대로 사서 포개놓은 화구·문구들, 입지도 않는데 수납장을 가득 채운 옛날 옷과 신발들……. 그리고 결정적으로는 지난번 이사할 때 상자에 담아 창고에 집어넣고 한 번도 꺼내지 않았던 정체를 알 수 없는 물건들.

하긴 가끔 창고를 뒤지며 저 상자에는 무엇이 들어 있을까 궁금하기는 했지만 한 번도 열어보지 않았습니다. 몇 년을 그렇게 보내다 보니 판도라의 상자처럼 열면 무서운 일이 벌어질 것 같기도 했습니다.

문득 17년 전 이사할 때의 일이 생각났습니다. 살던 집에서 나오는 시간과 들어갈 집이 비는 시간이 맞지 않아 살림의 70퍼센트 정도를 이삿짐센터 창고에 맡겨놓고 나머지만 가지

고 방 한 칸을 빌려서 세 달 정도 살았던 적이 있었습니다.

미리 걱정했던 것과 달리 적은 살림살이로도 저의 일상은 불편 없이 잘 영위되었습니다. 그때 문득 과연 저는 왜 저 많은 짐을 메고 지고 살고 있는 걸까 하며 삶에 대한, 아니 짐에 대한 실존적인 성찰을 하게 되었습니다.

그래서 이후 삶이 바뀌었던가요? 아닙니다. 반성을 실행으로 옮기지 못하는 사이 짐은 더욱 늘어나 이삿짐센터 사장님에게서 "짐이 많으시고 책이 많으시네요"라는 칭찬까지 듣는 지경이 되었습니다.

그동안 아이들이 자랐고 일도 많았다는 구차한 변명을 뒤로 하고, 몇 주 동안 틈이 날 때마다 하나씩 꺼내보고 재어보고 버렸는데 그 양이 엄청났습니다. 구석구석 쌓여 있는 탈피

했던 저의 껍질들, 아니 과거와 집착들을 들어내며, 그 사이에 끼어서 비좁게 살고 있었다고 새삼 깨달았습니다. 포개지는 시간과 기억을 물건으로 치환해서 남겨둔 것입니다.

'정리'란 불필요한 것들을 줄이고 어질러진 것들을 치워서 질서 있게 만드는 것이고, 단지 잘 모아놓는 것은 '수납'일 뿐이라고 합니다. 집이란 사람이 살기 위한 곳이지 짐과 함께 나를 수납하는 공간은 아닐 것입니다. 이번에야말로 과감히 버리고 제대로 정리해 과거와 함께 수납되는 삶에서 벗어나려는 결심을 잘 지켜야겠다고 다짐해봅니다.

물
은

제

갈

길을 간다.

'상선약수上善若水'는 노자의 『도덕경』에 나
오는 말입니다. "최고의 선善은 물과 같다"는 뜻인데, 물과 같
다는 말은 받아들이는 사람에 따라 의미가 사뭇 다를 것입니
다. 노자는 "물은 만물을 이롭게 하지만 다투지 않고, 사람들이
싫어하는 곳에 머문다. 그러므로 도에 가깝다上善若水 水善利萬物
而不爭 處衆人之所惡 故幾於道"고 설명합니다. '다투지 않는다不爭'는
해석이 좀 어색하지만, 대강 노자가 전달하고자 한 의미가 어
떤 것인지 알아들을 수는 있습니다.

그러나 물은 이롭기만 한 것이 아니라 때로는 무섭게 돌
변합니다. 그래서 옛날에는 나라를 다스리는 능력 중 가장 중요
한 것이 치수治水였습니다. 하지만 치수라는 말처럼 무모한 단

어가 없습니다. 왜냐하면 물은 다스리는 것이 아니라 적당히 피하고 화해해야 하는, 인간보다 훨씬 강한 존재이기 때문입니다.

우리의 조상들은 오랜 경험으로 그런 지혜를 터득했고 생활에 적용했습니다. 물이 흐르는 자리를 피해서 집을 앉히고 묏자리를 찾았습니다. 그런 지혜가 우리나라의 땅에 대한 사상으로 발전했습니다. 한국의 풍수는 발복發福하고 장수하기 위한 미신이 아니라 오랜 시간에 걸쳐 터득한 자연과의 공존을 위한 지혜입니다. 물길을 인위적으로 돌리고 두터운 콘크리트 옹벽으로 막아놓은 방어막이 어느 날 하루 내린 비에 힘없이 스러지던 모습을 보며 그것을 알 수 있었습니다.

특히 건물을 짓는 건축가에게는 더욱 그렇습니다. 치밀한 방수는 물론이고 물이 잘 빠지도록 도와주는 적정한 구배의 빗물받이, 벽을 타고 들어오지 않게 하는 물 끊기 등 다양한 장치들을 해두지만, 긴 장맛비에는 내내 마음을 졸일 수밖에 없습니다. 요즘처럼 불규칙한 패턴의 장마나 집중 강우에 대비하려면 홈통의 규격을 더 키운다든가 처마를 보완한다든가 하면서 방수 대책을 개선하는 방법도 중요합니다. 그리고 근본적으로 기후의 변화 폭이 다른 나라에 비해 큰 우리나라에 맞는 유지 관리 방식도 찾아내야 합니다.

그러나 사실 가장 완벽한 방수 대책은 물을 막지 않고 잘 흘러가게 하는 것입니다. 그 방법은 우리의 오래된 방식이기도 합니다. 옛집들을 보면 경사지붕에 기왓골을 내고 홈통 없

이 물이 처마를 통해서 바로 마당으로 빠지도록 만들어놓았습니다. 빗물이 고이거나 막힐 염려가 없는 단순하면서도 명쾌한 해결 방법이고, 자연의 흐름을 거스르지 않고 공존하는 방식이었습니다.

'상선약수'에 현대적인 주석을 단다면 아마 이런 이야기가 되지 않을까 생각합니다. "물과는 다투지 않아야 한다. 왜냐하면 물이란 막는다고 해결되는 것이 아니기 때문이다. 아무리 막고 가두어도 물은 제가 가고 싶은 곳으로 가므로 피하고 비켜서는 것이 최고의 선이다."

집
의
이름.

집은 무엇으로 지을까요? 물론 콘크리트로 짓거나 유리나 철로도 짓지만, 집을 지을 때 가장 중요한 재료는 생각입니다. 먼 옛날 들판에서 살며 사회생활을 하던 인류가 제일 처음 만든 공간은 집입니다. 그때 우리의 조상은 비 가리고 바람 막는 구조물을 만들며, 가장 먼저 가족에 대한 생각을 하고 안온한 가족의 풍경을 머릿속에 그렸을 것입니다. 그런 생각이 집을 통해 이어졌고 우리는 여전히 집을 짓고 가족과 살고 있습니다.

건축가로서 자주 듣는 질문 중 하나가 "집을 짓고 싶은데 가장 먼저 해야 할 일이 무엇이죠?" 하는 것입니다. 우선 땅이 있어야 하고 자금도 필요하고 여러 가지 준비 사항이 많겠지만, 저는 "먼저 집의 이름을 지어보세요"라고 대답해줍니다.

　그것은 우리가 아이를 낳을 즈음에 이름을 짓는 것과 비슷합니다. 그 일이 얼마나 힘이 드는지는 겪어본 사람은 다 알 것입니다. 태어날 아이를 생각하고 그 아이의 미래를 그려보고 아이에 대한 기대를 담지요. 집의 이름을 짓는 것도 집에 대해 생각하는 것이고, 자신이 살아가는 동안의 자세를 정하는 것이고, 가족의 미래를 꿈꾸는 일입니다.

　여유당, 서백당, 선교장, 산천재 등 옛날 사람들의 집에는 각자의 생각을 담은 집의 이름, 즉 당호堂號가 있었습니다. 다산 정약용의 당호는 '여유당與猶堂'입니다. 그런데 그 이름이 얼핏 주는 인상처럼 여유 있고 느긋하게 살자는 의미가 아닙니다. 무척 조심하고 조심하라는 뜻으로, 노자의 『도덕경』에서 두 글자를 따왔습니다. "겨울에 찬 시냇물을 건너는 것처럼 머뭇거리고與, 사방의 이웃을 두려워하는 것처럼 경계한다猶." 잘나가는 관료이자 학자로 살다가 인생의 풍파를 만나 오랫동안 귀양살이로 고생을 한 그의 인생의 회한이 담긴 작명입니다.

　또한 그의 맏형님 집 이름은 '나를 지키는 집'이라는 뜻의 '수오재守吾齋'입니다. 정약용은 "나 자신을 지키지 않는다고 어디로 가겠는가?" 하며, 처음에는 이상한 이름이라고 생각했다고 합니다. 그러나 그는 인생의 여러 고난을 겪은 뒤, 나를 지키는 것이 얼마나 어려운 일이며 얼마나 가치 있는 일인지에 대해 깨닫고 특유의 명징한 문체로 쓴 「수오재기守吾齋記」라는

글을 남겼습니다.

요즘 사람들이 집에 붙이는 이름에도 이 시대를 살아가는 사람들의 고민과 희망이 담겨 있습니다. 예를 들어 '존경과 행복의 집'은 남편과 부인이 추구하는 두 가지 가치를 병치한 이름이고, '적당과 작당의 집'은 "알맞게 누리고 즐거운 생각을 하자"는, 부모가 아이에게 전해주고 싶은 인생에 대한 자세를 담은 이름입니다.

집이란 그런 생각의 집적체이며, 집의 이름을 짓는 것은 그 생각을 정리해서 집의 토대를 만드는 일입니다. 집은 생각으로 지어야 합니다.

서
백
당
처
럼

살고 싶다.

문자를 알아야 책을 읽을 수 있습니다. 글을
모른다면 책은 그저 종이 뭉치에 지나지 않습니다. 건축을 보
는 관점도 그렇습니다. 그저 재료나 형태만으로 판단하지 않고
건축의 다양한 표현 방식과 의미를 알게 되고, 그 안에 담긴 내
용이나 의미를 읽을 수 있을 때 건축은 비로소 문화가 되는 것
입니다.

13년 만에 경주 양동마을에 다녀왔습니다. 유네스코 세
계문화유산 지정 이후 혹 마을에 변화가 있을까 걱정도 되었고
번잡해지면서 사람의 온기가 사라질까 하는 두려움도 있어 통
가보지 못했습니다. 다행히 약간의 편의시설이 생기고 주차장
이 확장된 것 외에는 큰 변화가 없어 가슴을 쓸어내렸습니다.

우리나라에서 오래된 집, 특히 임진왜란 이전에 지어진 옛집은 전국에 10채가량 있다는데 이곳 양동마을에 무려 4채(서백당, 무첨당, 관가정, 향단)가 있습니다. 그중 가장 오래된 집이 월성 손씨의 대종가인 서백당입니다. 15세기 중후반에 지어졌다고 하니 500년이 훨씬 넘은 고택입니다. 종가의 살림이 지금도 이어지는 곳이라 외곽에서만 둘러보다 왔는데, 이번에는 서백당 주인의 호의로 내부까지 자세히 볼 기회를 얻었습니다.

서백당은 양동마을의 입향조入鄕祖(마을에 들어와 터를 잡은 선조)인 양민공 손소라는 분이 풍덕 류씨 집안 외동딸에게 장가를 들면서 지은 집입니다. 대문을 들어서면 가운데로 사랑채의 누마루가 보이고 집에 붙은 짧은 내외담이 보입니다. 시야의 반은 집으로 채워지고, 반은 내외담 뒤 무성한 숲과 높게 앉아 있는 사당이 보입니다. 사람들은 자연히 넓은 마당과 집 지을 당시 심었다는 향나무가 있는 사당 쪽으로 향하게 됩니다. 마당으로 나아가면 사랑마루 이마에 달려 있는 '서백당'이라는 당호를 읽게 되는데, '참을 인忍' 자를 백 번 쓰는 마음으로 살라는 의미라고 합니다.

기대를 품고 처음 들어가본 안채에는 먼저 네모난 안마당이 나오며 좌우로 부엌과 사랑채가 에워싸고 있었고, 정면에는 모든 것을 다 받아들일 듯 품이 넓은 대청이 보였습니다. 큰 살림을 관장하는 종갓집으로는 드물게 삼량집三梁家이며 대청 뒤편 바라지창도 검박하고 조촐한 판문으로 달았습니다. 사랑채의 난간도 아주 단순하게 살을 엮어 만든 평난간입니다.

통말집이라고 미음자 형태의 평이한 구조를 가지고 있는 이 집에 특별함이나 화려함은 없습니다. 아무런 장식도 없고 허세도 없습니다. 그러나 위엄이 있고 격조가 있습니다. 엄숙과 평온이 공존하는 집. 언덕 위에 높이 있지만 사람을 내리누르는 위압감이 없는 집. 남에게 존경을 강요하지 않지만 저절로 머리를 조아리게 하는 집. 서백당 대청에 앉아 있자니 집을 지은 사람이 후손에게 전하고자 한 이야기가 조곤조곤 들어옵니다. 그리고 문득 시끄러운 세상이 저절로 고요해졌습니다.

초
심
을
지키는 일.

　　옛날 어떤 작은 나라에서 살인사건이 일어났
습니다. 범인은 대장장이였고 법대로라면 당장 사형에 처해야
만 했습니다. 그런데 문제는 그 나라에는 대장장이가 한 명밖
에 없다는 점이었습니다. 반면 옹기장이는 두 명, 목수는 다섯
명이나 있었습니다. 대장장이가 없다면 농기구를 비롯한 온갖
도구를 누가 만드나 하는 걱정 끝에 결국 목수 중 한 명을 처형
합니다.

　　물론 진짜 있었던 일은 아니고 지그문트 프로이트Sigmund
Freud가 '강조점의 이동'이라는 개념을 설명하기 위해 만들어
낸 우화입니다. 여기서 사람들의 강조점은 도덕적·법적 관점
에서 어느덧 효용과 희소성의 관점으로 이동합니다.

생각해보면 우리의 생활 속에서도 많은 강조점의 이동이 일어납니다. 가령 결혼은 사랑하는 두 사람이 만나 평생을 같이 살기 위한 것인데, 결혼 준비에 들어가는 순간 강조점은 이동합니다. 결혼은 양쪽 집안의 문제가 되어 혼수와 예단으로 집안 간의 무게를 저울질하고, 구름같이 하객을 모을 준비를 하고, 아무도 듣지 않는 주례사를 들려줄 주례를 구하기 위해 동분서주합니다. 그리하여 마침내 결혼은 일종의 공동사업으로 변질됩니다. 그뿐만 아니라 가족이 살기 위해 마련하는 공간이 가족의 편의나 가족만의 개성보다 환금성과 가장 안정적인 투자의 대상으로 시각이 옮겨진 이 시대의 집들도 그렇죠.

지금은 사람이 초심을 지키며 바람에 휩쓸리지 않고 살도록 내버려두지 않는 시절입니다. 살면서 우리는 너무나도 쉽게 초심을 빼앗깁니다. 저는 결혼할 때 처음 생각을 지키며 혼수를 생략하고, 예단도 생략하고, 결정적으로 주례마저 생략했습니다. 그때 참석했던 대부분의 하객은 주례의 부재를 몰랐고, 아직도 모르고 있습니다. 그러고도 저는 문제없이 단란하게 잘살고 있습니다.

지력地力을 생각해가며 화학비료나 제초제 등을 쓰지 않는 친환경 농법을 유기 재배라고 합니다. 그런 의미에서 본다면 저는 아이들을 유기 재배하며 키웠다고 이야기합니다. 중학교와 고등학교에 다니던 시절에도 저희 집 아이들은 학교가 끝나면 곧바로 집에 와서 공부를 조금 하고 놀기도 많이 했습니다.

말하자면 오로지 공교육과 가정교육만으로 이루어진 극히 정상적인 청소년기를 보냈습니다. 주변에서 보기에 그것이 대단한 용기와 결단을 가지고 감행하는 무모한 도전처럼 위태로워 보였던 모양입니다. 간혹 보다 못해 제게 걱정스러운 충고를 하기도 했습니다. "도대체 어쩌려고 그래요?"

　　그러나 그 말은 오히려 제가 하고 싶었습니다. 아무리 아이의 미래를 위한 불가피한 선택이라고 하지만, 늘 최대한 당겨진 활시위처럼 팽팽한 긴장 속에서 살아가는 아이들을 볼 때마다 금세 그 활시위가 끊어질 것 같아 불안하기만 합니다. 끝없는 경쟁과 그에 따른 과잉학습의 늪은 아이들을 홀려 하나씩 물속으로 끌어들이는 피리 부는 사나이의 유혹처럼 집어삼키고 있습니다. 자꾸만 무언가가 우리의 눈을 가리고, 우리의 주머니를 열라고 강요합니다. 도대체 누구를 위한 교육이고 무엇을 위한 경쟁일까요?

　　그래서 저는 그 경쟁의 대열에 힘겹게 끼는 대신 '유기재배'를 택했습니다. 가장 감수성이 예민한 시절의 매일매일이 즐거운 생각과 기억으로 채워질 수 있다면 더는 바랄 것이 없겠다고 생각했습니다. 그리고 저는 늘 이야기합니다. "사람은 되겠지." 그리고 생각합니다. 사람이 되는 일이 가장 어려운 일이라고. 어차피 사람 만들려고 교육시키는 것 아닌가요?

즐
거
운

마음.

16년 전, 어느 날 초등학교에 다니던 둘째
가 갑자기 오더니 학교 숙제라며 가훈을 내놓으라고 했습니다.
"가훈?" 그러고 보니 저희 집에 없는 것은 로봇 청소기, 대형
텔레비전, 김치냉장고뿐이 아니었습니다. 그동안 저희 집에 가
훈이라는 것이 없었다는 것을 비로소 깨닫고 부랴부랴 주섬주
섬 종이를 펴놓고 머리에 불을 켜고 앉았습니다.

느닷없이 가훈을 정하는 일이란 아이 이름 짓는 것만큼,
집을 설계하는 일만큼 어려운 일이었습니다. 행복, 성실, 노력
등 가훈이라면 늘 나옴직한 단어들을 대입해보았지만 도무지
신통치 않아 괴로운 시간을 보냈습니다. 그러다 문득, 지금 저
희에게 필요한 것은 '즐거운 마음'이라는 생각이 들었고, 마음

에 콱 박힌 그 말을 종이에 써서 둘째 손에 쥐어주었습니다. 그날 이후 저희 가족은 둘째가 학교에서 만들어온 '즐거운 마음' 액자를 걸어놓고 그에 맞게 살아가려고 노력합니다.

우리는 자라면서 늘 베짱이가 되지 말고 개미처럼 근면하게 살아가라는 교육을 받았습니다. 그래서 우리의 찬란한 미래는 현재의 인내에서 펼쳐진다고 철석같이 믿고 살아갑니다. 물론 그 말이 아주 틀린 말은 아닐 것이나, 절대적 진리 역시 아니라고 생각합니다. 사실 우리의 삶이란 계속 새롭게 시작되는 현재의 영원한 반복 속에서 이루어지는 것 아닌가요? 행복한 미래는 가치 있고 즐거운 현재를 통해 이루어질 것이라 생각합니다.

그런데 우리는 미래를 위한다며 밤 12시까지 일을 하고, 아이들은 학교를 마치고도 집으로 돌아가지 못하고 깊은 밤까지 학원에서 공부를 합니다. 더 좋은 교육을 받는다는 이유로 가족들이 다른 나라에 뿔뿔이 흩어져서 살아가기도 합니다. 우리는 기꺼이 미래를 위해 현재를 희생하며 살아가고 있습니다. 사람들이 조금 느슨해지고 즐겁게 살아가면 안 될까 하는 생각을 하게 됩니다.

즐거움이란 마음의 어떤 상태를 가리킵니다. 그리고 주어진 것이라기보다는 능동적으로 얻어내는 마음의 상태이기도 합니다. 혹은 어떤 과정일 수도 있습니다. 그것은 무척 주관적이어서 타인이 이해할 수 없는 각자의 기호가 반영되는 것이기도 합니다. 나에게는 즐거움인 일이 다른 사람들에게는 과연 저런 일이 어떻게 즐거울 수가 있을까 의아해하는 일이 되기도 합니다.

다행히도 건축이라는 일은 저에게 많은 즐거움을 주고 있습니다. '얼마나 많은 것을 가지고 있는가'와 '얼마나 오래 사는가'보다 중요한 것은 '얼마나 인생을 즐기며 살고 있는가'라고 생각합니다. 특히 자신의 일에서 그런 즐거움을 찾을 수 있다면 더욱 바랄 것이 없겠지요.

처
음
도

과
정
도

결과도 즐거운 중도의 집.

　　고통 끝에 어떤 깨달음이 오는 것이 아니라,
'시작도 즐겁고 중간도 즐겁고 끝도 즐거운' 그런 것이 불교의
핵심인 중도中道 사상이라고 합니다. 장좌불와長坐不臥(눕지 않고
고요히 앉아 참선하는 수행법)로 몇십 년을 수행해 해탈하는 것이
바른 구도자의 모습일 거라고, 아주 평면적인 지식만을 가지고
있는 저에게 그 이야기는 무척 신선했습니다. 그 이야기를 해
준 분은 사성제四聖諦와 팔정도八正道를 개념으로 집을 짓자고
했습니다. 즉, 그 집은 열반에 이른 부처님의 집이며 열반에 이
르고자 하는 사람의 집입니다.
　　몇 년 전, 어느 날 사무실로 호리호리한 체구에 지적인 인
상을 가진 스님이 찾아왔습니다. 마주 앉아 아주 간결하고 군

더더기 없는 말투로 '제따와나 선원'이라는 이름의 사찰 불사
佛寺를 계획 중이라고 했습니다. 명상과 수행을 하는 선원의 본
건물은 건너편 산 위에 이미 설계가 시작되었고, 따로 지을 신
도들이 묵을 '꾸띠('오두막'이라는 뜻의 개인 숙소)'라는 시설의
설계를 맡길 회사를 찾고 있었습니다. 5월의 어느 오후, 조금
아는 불교에 관한 어설픈 이야기를 보태며 선선하게 부는 초가
을의 바람처럼 오가던 선선한 대화는 "그럼 설계를 맡기려면
어떻게 해야 하나요?"라며 끝났고, 일이 시작되었습니다.

엄격하게 이야기하자면 저희는 불교 신자가 아니며, 모
든 종교의 기본 정신은 통한다고 생각합니다. 다만 그때의 입
장과 그 종교가 정착되던 시절의 여러 가지 상황 때문에 형식
이 달라졌을 뿐이라는, 무식하고 용감한 생각을 가지고 있습니
다. 또한 건축을 공부하다 보니 절이나 반가니 민가니 하는 오
래된 살림집들과 친해지고 예전의 집짓는 방식과 친해져서 약
간은 고리타분한 건축관을 가지고 있는 편입니다. 그래서 절이
라 하면 일주문, 천왕문에서 시작해서 보살단, 신중단을 거치
는 하나의 과정이라고 생각했고, 스님과 처음 만나 일의 실마
리를 푸는 자리에서도 그런 이야기로 시작했습니다.

종교란 지향점은 각자 다르겠지만 어디론가 들어가는 길
입니다. 그리고 그 길을 제가 아는 범위에서는 가장 건축적인
의상 대사의 「법성게法性偈」의 도상圖像을 도면으로 그리고 입
체적인 그림으로 만들어 보여주었습니다. 사실 우리의 종교건

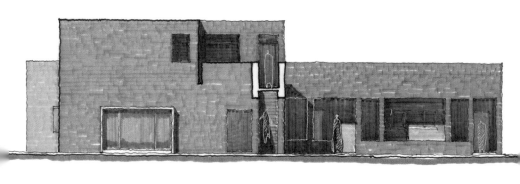

축, 특히 불교건축은 그런 길에 대한 탁월한 해석과 공간감을 드러내고 있지요. 직선을 뻗어나가기보다는 조금 휘고 많이 꺾어지고 혹은 빙 돌기도 하며, 지세地勢와 종교적인 교의가 건축으로 자연스럽게 녹아드는 아주 현명한 해법을 알려줍니다.

선원을 지을 위치는 행정구역상으로는 춘천이지만, 실은 예전에 대학생 때 엠티를 가거나 친구들과 경춘선을 타고 지나다니던 아주 친숙한 이름의 강촌이라는 동네였습니다. 대지는 한가한 마을을 관통하는 2차선이라기에는 조금 좁고 1차선보다는 조금 넓은 아스팔트 포장길에 면한 밭이었습니다. 땅을 보며 선방에서 며칠씩 수행하는 신도들이 묵을 꾸띠를 구상했습니다. 처음에는 네모가 겹치며 그 안에 사람들이 거닐며 명상하는 길을 만드는 계획이었습니다.

설계가 진행되며 선원장 스님에게서 불교에 대한 많은 이야기를 듣게 되었습니다. 스님이 제시하는 설계의 가이드라인 중 사성제는 고집멸도苦集滅道, 즉 괴로움과 괴로움의 원인과 소멸에 대한 고찰입니다. 집착을 통한 괴로움에서 벗어나기 위한 수행 공간이므로 사성제가 기본적인 개념이 되어야 한다는 것이었습니다.

또한 그중 가장 인상 깊었던 이야기가 '중도'라는 개념이었습니다. "처음부터 끝까지 즐겁다." 얼마나 통쾌한 이야기인가요? 우리는 이상한 강박 속에서 살고 있습니다. 즐겁게 산다는 것은 인생을 낭비하는 자세라는, 그런 강박 속에서 사람들은 점점 시들어가는 것입니다. 그럴 때 "즐겁게 살아도 돼"라고 누군가 이야기해준다면 그 얼마나 자유로워질까요?

부처님의 가르침이 원래 그것이며, 다만 많은 시간이 지나는 동안 여러 역사적·지역적인 요소가 통합되며 불교의 처음 정신이 많이 훼손되었다고 합니다. 설계를 협의하는 것이 아니라 재미있는 이야기를 듣는 시간이 이어졌습니다. 그렇게 몇 개월을 보내는 사이, 건너편 산 위에 짓기로 한 법당과 선방 등 주요 시설들이 제가 설계하는 대지로 들어오게 되었습니다. 그러기 위해 옆에 바로 붙은 땅이 추가로 포함되었습니다.

제따와나Jetavana는 '제따 왕자의 숲'이라는 뜻의 팔리어입니다. 한자로는 '기수급고독원'이고 줄여서 기원정사祇園精舍로 부릅니다. 급고독장자給孤獨長者라는 사람이 부처님을 위해 사원을 지으려고 동분서주하다가 마음에 드는 땅을 찾게 됩니다. 그 땅의 주인이 제따 왕자였는데, 그는 팔기 아까워서 완곡한 거절의 표현으로 "여기에 금화를 깔면, 그만큼의 땅을 주겠노라" 하고 이야기합니다. 그런데 급고독장자는 정말로 땅에 금화를 깔기 시작했고, 놀란 제따 왕자는 그를 말립니다. 그렇게 세워진 곳이 기원정사이며, 석가모니 생전에 가장 오랜 기간 머문 장소여서 요즘도 많은 사람이 찾는 곳이라고 합니다.

설계의 방향을 잡을 때, 과거의 방식과 불교적인 교리를 바탕에 깔되 현대적인 생활 습관에 적합하게 계획을 하고자 했습니다. 또한 선원장 스님은 불교의 근원으로 돌아가자는 생각

을 가지고 있는 사람이었습니다. 애초 석가모니가 기원정사에 앉아서 주석을 하고 사람들에게 설파하던 불교의 기본 정신을 되살리는 것, 그런 정신이 제따와나 선원을 설계할 때 가장 큰 바탕이었습니다.

그것은 가장 오래된 것이면서 가장 혁신적인 접근이었습니다. 그런 점에서 기원정사의 유적을 상징하는 벽돌은 아주 적합한 재료였습니다. 기존의 대부분의 사찰처럼 한옥으로 짓지 않고 콘크리트 구조로 뼈대를 만들고 벽돌로 옷을 입혔습니다. 그 대신 구례 화엄사 같은 기존 가람伽藍 배치의 방식을 고려해 일주문을 지나 안으로 향하는 길은 직선으로 곧장 가지 않고 가면서 세 번 꺾어 들어가게 했습니다. 그리고 대지의 원래 높낮이를 이용해 세 개의 단을 조성해 순서대로 종무소, 꾸띠, 요사채, 법당 등 위계에 맞게 건물을 올려놓았습니다.

1년 동안의 설계 기간을 거쳐 공사를 시작했고, 뼈대를 올리고 벽돌을 외부에 쌓고 바닥에 깔아서 무려 30만 장의 벽돌로 공간을 완성했습니다. 공사 역시 1년이 걸렸습니다. 그 기간 내내 즐거운 마음으로 몇 가지 어려운 문제를 넘기며 땅을 다듬고 집을 올리고 나무를 심었습니다. 그리하여 처음도 과정도 결과도 즐거운 중도의 정신이, 집의 안과 밖에 스며든 공간이 완성되었습니다.

건
축
의

즐거움.

　　직업이란 생계를 이어주는 도구이기도 하지
만 자신을 완성하는 방법이기도 합니다. 그리고 세상과 개인을
이어주는 하나의 매개체이기도 합니다. 그런 의미에서 가장 훌
륭한 삶은 즐기는 일을 하며 사는 것입니다. 그러나 일이라는
것은 늘 의무가 따르고 책임이 따르게 되어 즐긴다는 것이 그
렇게 쉽지는 않습니다.

　　건축 설계 사무소를 개업한 지 20년이 넘었습니다. 처음
에는 20년이 지나면 뭔가 대단한 일이 많이 벌어질 줄 알았는
데 그런 일은 없었고, 한 해 한 해 넘기며 처음의 규모에서 크게
몸집을 불리지 않은 날씬한 몸매로 20년이라는 세월을 흘려보
냈습니다. 그사이 사람을 만나고 땅을 만나던 순간들이 저에게

는 가장 큰 즐거움이었습니다. 건축의, 건축가로서 가장 큰 즐거움은 만남의 즐거움이라고 생각합니다.

건축가는 집이라는 꿈을 꾸며 설레는 마음을 갖고 오는 사람들을 만나고 그들의 꿈을 공유합니다. 처음에는 대부분 이런 집을 짓고 싶고 방은 몇 개 필요하다는 이야기부터 나누게 됩니다. 그러나 만남이 거듭되면 점점 집에 대한 이야기보다는 아이를 키우는 일 등 가족에 대한 이야기, 좋아하는 취미나 일에 대한 이야기 등 삶에 대한 이야기를 더 많이 하게 됩니다.

서로 인간적인 교류와 교감을 하며, 관계는 흔히 이야기하는 '갑과 을'의 관계가 아니라 오래전부터 알고 지내던 친구나 친척처럼 지내게 되지요. 그런 분위기에서 막연한 꿈이 구체적인 집으로 변하며 자연스럽게 종이 위로 떠오르게 됩니다.

그런 느낌은 땅을 만날 때도 마찬가지였습니다. 집 지을 땅에 가서 한참 들여다보고 사진을 찍어와 자세히 들여다보고, 여러 각도로 땅을 그려봅니다. 그러면 제가 보지 못했던 땅의 다른 모습을 알게 되고, 어느 정도 시간이 지나면서 그 땅이 가지고 있는 성격을 이해하게 되었습니다. 풍수지리나 정량적 계측과는 사뭇 다른 이야기입니다. 그 이후부터는 늘 땅부터 그려보고 땅의 이야기에 귀를 기울이게 되었습니다.

땅을 만나고 땅을 이해하는 것은 특별한 경험인데, 어떤 감동도 땅이 제게 주는 감동만 한 것은 없다고 생각합니다. 그것은 땅을 통해 길흉화복을 점치고 어떤 곳에 집을 어느 방향

으로 앉혀야 복이 온다거나, 집안이 편안해진다거나 하는 이야기가 아닙니다. 땅과 교류하고 땅에 잘 기대어 붙어살 수밖에 없는 인간이 어떤 자세를 취해야 하는지에 대한 이야기입니다. 저는 그런 것이 우리나라 고유의 땅을 이해하는 관점이라고 생각합니다. 그 관점은 건강하고 겸손하며 현명합니다.

조금씩 땅을 이해하게 되면서 어떤 것을 피해야 하고 어떤 것을 더욱 도드라지게 해야 하는지 알게 되었습니다. 그렇게 지은 집이 아무런 무리 없이 자연스럽게 땅 위에 자리 잡아서, 집과 땅이 서로 편안해 보일 때 마음이 가볍고 즐거웠습니다.

무엇을 만나게 되고, 무언가 교감을 하게 되며, 그로 인한 즐거움이 어떤 것인지를 알게 되는 것, 그것이 20년 동안 건축을 하게 하는 힘이었고 자양분이었다고 생각합니다. 산청, 충주에서 시작한 일이 금산, 함양, 거창, 속초, 제주도까지 이어졌습니다. 그동안 많은 사람을 만났고 많은 땅을 만났습니다.

저희를 찾아오는 건축주는 세 가지 공통점이 있습니다. 풍광이 좋은 땅과 풍성한 영혼을 가지고 있는데, 마지막으로 늘 예산이 부족합니다. 한정된 예산에서 그들이 꾸는 꿈을 그리는 것은 어려운 과제이자 도전입니다. 저희를 찾아오는 건축주들은 자신에게 딱 맞는 좋은 땅을 어떻게든 찾아서 그곳에 집을 짓고 싶다고 하고, 대부분은 우연히 연고도 없는 곳에 땅을 장만하게 되었다고 합니다. 그리고 대부분 저희가 그동안 지은 책을 읽어보고 그 생각에 공감해서 찾아왔노라고 이야기합니다.

첫 번째 집을 설계하고 완성한 이후 그 이야기를 담은 첫 책을 내고, 20여 년 동안 16권의 책을 썼습니다. 왜 그렇게 책을 많이 냈냐고 물어보는 사람이 많은데, 우리는 그렇지 않다고 대답합니다. 사실 우리는 100권 정도의 책을 내야 한다고 생각합니다. 왜냐하면 집 한 채 한 채, 그 안에 사는 한 가족 한 가족이 모두 한 권의 책에 다 담을 수 없을 만큼의 인생과 이야기를 남기기 때문입니다.

우리는 사람들의 이야기를 듣고 그것을 환등기가 벽에 이미지를 투사하듯 땅에 건축으로 투사하는 일을 합니다. 건축주들과 같이 배를 타고 항해를 하는 동안 얼마나 많은 이야기가 우리를 지나갔는지, 20년을 꿋꿋이 버틴 것에 스스로 대견해서 20주년이 되는 해에 전시회도 열었습니다.

20주년 전시회에서는 가장 자연스럽게 건축가의 일상을 보여주자는 것과, 뭔가 20년을 기념하는 것을 만들자는 생각으로 여름과 가을 동안 20폭 병풍을 만들었습니다. 20채의 집을 그리고 그 안에 사는 스무 가족의 이야기를 하나하나 손으로 썼습니다. 처음 만나게 되고 땅을 보게 되고 이야기를 나누고, 파도를 타고 서핑을 하듯 땅을 넘나들며 집을 지은 이야기들을 길게 자른 한지에 한 글자 한 글자 옮겨 적었습니다.

뭔가 가슴이 뜨듯해지고 뭉클해졌습니다. 무엇보다도 큰 즐거움이었습니다. 제가 아주 잘 아는 이야기이며 이미 쓴 글

© 김용관

이었지만, 다시 시간을 거슬러 올라가서 적다 보니 다시금 그때의 감동이 밀려왔습니다.

그것을 병풍으로 만들고자 조계사 옆 견지동에 있는 표구점에 갔습니다. 병풍이라는 형식을 생각한 것은, 몇 년 전 최순우 옛집에서 제가 그린 성북동 그림을 전시할 때 6폭 병풍을 만들어준 것이 마음에 들었기 때문입니다. 독립적인 각각의 그림을 병풍에 넣으면 자연스럽게 이어지는 하나의 이야기로 엮을 수 있는데, 다만 20폭 병풍은 좀 무리라고 생각해서 6폭으로 3개를 만들고, 2폭 병풍을 좀 크게 만들면 어떻겠냐고 물어보았습니다.

표구점 주인은 우연히 인사동을 들락거리며 알게 되었는데, 그에게 이야기했더니 오히려 20폭으로 만들어야 한다고 강력하게 주장했습니다. 20폭은 너무 무겁지 않겠는가 걱정을 했더니, 오동나무로 살을 만들면 된다고 해결책을 제시하며 조선 초기의 전통적인 방식으로 병풍을 만들자고 했습니다.

그렇게 해서 가벼우면서도 고풍스러운 멋을 지닌 20폭 병풍이 만들어졌습니다. 그 안에는 각각의 집에 담긴 건축주의 인생과 땅의 성격과 그것을 바라본 혹은 그들의 욕망을 적절히 배열한 저희의 수고가 들어가 있습니다. 병풍 외에도 20년 동안 그린 스케치, 모형, 수채화, 수묵화, 책, 전각 등 저희 손이 닿았던 작업의 흔적들을 모았습니다.

처음 사무소를 열었던 홍대 근처 전시장을 잡았고, 전시

주제는 '건축의 즐거움the pleasure of architecture' 으로 정했습니다. 어떻게 보면 건축 자체의 즐거움이 아니라 건축을 계속하게 해준 곁가지 즐거움이라는 생각이 드는데, 사실 그것은 곁가지가 아니라 건축의 본령이라고 생각합니다.

건축은 결국 사람과 땅의 관계이고, 그에 대한 매개체로서 건축가가 존재하게 됩니다. 땅을 이롭게 하고 사람을 이롭게 하며, 지금 이 시간에 충실한 삶을 영위하게 하는 역할, 그 만남과 그 주선이 저의 가장 큰 즐거움입니다.

제2장

오래된 시간이
만드는 건축

집
을
생각한다.

집이란 그 이름을 불렀을 때의 느낌만으로도
편안해집니다. '어머니'라는 단어를 입으로 소리내어 말할 때
의 느낌처럼. 지금은 본의 아니게 화려하지만, 사실은 무척 가
난하게 살았던 화가 박수근이 도화지에 연필로 덤덤하게 그린
초가집 그림을 볼 때의 뭉클함, 혹은 박완서 소설 속에 나오는
'괴불 마당 집' 이야기를 들을 때의 아련함과도 같습니다. 우리
가 원래 집이라는 어떤 개념에 대해 태생적인 그리움을 가지고
태어나거나 집이라는 단어 자체가 우리를 강하게 옭아매는 힘
을 가지고 있는 것 같습니다.

집은 시간을 담습니다. 경북 영천에서 포항으로 빠지는
국도를 달리다가 안강을 조금 지나서 기찻길을 끼고 들어가면

양동마을이라는 오래된 마을이 나옵니다. 이 마을은 안동의 하회마을만큼은 아니지만, 사람들이 꽤 많이 들락거리는 유명한 동네입니다. 월성 손씨와 여강 이씨 자손들이 모여 살고 있는 이곳은 오래된 옛집이 많이 남아 있는 귀중한 마을입니다. 더군다나 전란으로 인해 거의 소실되어버려 몇 채 남지 않은, 임진왜란 이전에 지어진 살림집이 무려 4채나 남아 있는 동네이기도 합니다.

그 마을 한가운데에 심수정心水亭이라는 집이 있습니다. 들리는 말로는 살림집으로 지어진 것은 아니고 이름에서 암시하듯이 여강 이씨 집안의 정자였다고 합니다. 그런데 우리가 흔히 아는 언덕 위에 방 한 칸만 덩그러니 있는 정자가 아니라 대청과 방을 두 개나 들인 기역자 형태의 허우대가 멀끔한 아주 잘생긴 집입니다. 단정한 외모 하며, 난간, 기둥, 마루 등이 우아해서 누구나 사랑하는 집입니다.

그 정자의 담장에 기대어 보는 마을 전경은 파노라마처럼 화려하게 펼쳐져 있어서 시원하면서도 오붓한 양동마을의 느낌을 제대로 느껴볼 수 있습니다. 그중에서도 제가 가장 좋아하는 부분은 마을에서 집으로 들어가며 처음 만나는 모퉁이, 즉 축대가 있고 집을 감싸는 담이 꺾이는 모퉁이 바로 그 부분입니다.

그 담을 따라 오래된, 300년은 족히 넘을 것 같은 회화나무 네 그루가 성큼성큼 걸어가듯 활기차게 서 있습니다. 그런

데 그 나무가 심어진 모습이 특이합니다. 일반적인 경우라면 담 밖으로 가지런히 모셔놓거나 담을 나무 바깥으로 쌓아 나무를 온전히 집 안으로 들였을 텐데, 그 담은 춤추듯 뛰어가듯 활활 너울거리는 나무 사이로 슬그머니 비집고 흘러갑니다. 자연의 활기찬 흐름에 사람의 흐름을 슬그머니 끼워넣은 듯이 겸손하면서도 해학적입니다. 인간과 자연이라는 두 개의 다른 시간과 차원이 나란하면서도 교차하고 있습니다. 그 집을 지은 사람의 해학과 여유, 무엇보다도 그 뛰어난 안목에 늘 감탄을 합니다.

이 집이 처음 지어진 것은 1560년쯤이라니 지금부터 460여 년 전이지만, 100여 년 전쯤 집에 불이 나서 전부 타버려 다시 지었다고 합니다. 물론 담장과 나무가 언제부터 저런 자세로 공존하고 있는지 알 수 없지만, 그 시간의 길이와는 상관없이 이 집에는 사람과 자연 사이의 존경과 조화로운 공존이 느껴집니다.

집은 사람이 짓지만 시간이 완성합니다. 집이란 짧은 시간 동안 단번에 지을 수 없는 이야기라는 의미이기도 하고, 집 자체가 스스로 완성을 유보한 채 시간을 두고 천천히 완성되어 간다는 이야기이기도 합니다.

물론 집의 주인은 그 안에 들어가 사는 사람이겠지요. 하지만 사람에게 집을 짓는 것을 허락한 땅과 돌과 나무들도 집에 대해서 일정 부분의 몫을 가지고 있습니다. 그래서 집은 사

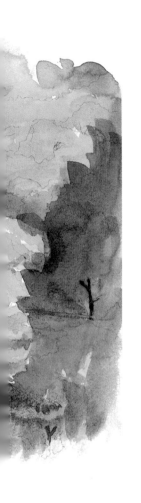

람이 계획하고 쌓고 세워서 짓기 시작하면 이내 어느 정도의 모양과 공간은 갖추게 되겠지만, 최종 완성은 집을 둘러싸고 있는 모든 것과의 원만한 합의와 조화가 이루어질 때라고 생각합니다.

그러나 말이 사람과 환경의 조화이지, 그게 그리 쉬운 일은 아닙니다. 서로 존재를 인정하고 대화가 이루어져야 합의도 하고 친교도 생기고 조화도 이루어가는 것인데, 사람과 돌과 흙 같은 각기 다른 차원의 존재들 사이의 대화란 막연하고 어려운 일입니다.

그래서 사람들은 일단 집을 짓고 살아봅니다. 살아보면서 방법을 찾는 수밖에 별수 없는 것 같습니다. 어정쩡한 공생에서 시작해 하나의 유기적 통합이 이루어지기까지는 많은 시간이 필요합니다. 혹은 내내 그런 조화가 이루어지지 않은 채 그냥 있는 집도 많습니다. 그래서 한 번 겪어본 사람은 혀를 내두르며 집을 짓는다는 것이 참 어려운 일이라고 말합니다.

시간은 그렇게 사람이 만들어놓은 건물에서 풀기를 빼주기도 하고, 생경한 색깔을 누그러뜨려주기도 하고, 성질을 눌러주기도 합니다. 그러나 시간이 늘 긍정적인 방향으로만 흐르는 것은 아닙니다. 시간은 보태기도 많이 하지만 지우기도 많이 합니다. 사람은 그 안에서 살기도 하지만 내몰리기도 합니다. 사람이 살던 곳에는 시간의 퇴적물만 쌓입니다. 사람이 머물렀던 것은 그저 흔적으로만 남을 뿐입니다.

모
든

것
에
는

시간이 담긴다.

　　만들어진 것이든, 저절로 생겨난 것이든 이
세상의 모든 것에는 자신의 의지와는 관계없이 시간이 스며듭
니다. 그래서 저는 옛집을 보러 간다든가 돌이나 철로 만들어
놓은 유물들을 보러 가는 것은 그 안에 흥건히 고여 있는 시간
의 퇴적물을 보러 가는 것이라고 생각합니다.

　　그중 제가 제일 좋아하는 시간 지층이 바로 경주 한가운
데, 황룡사가 있던 자리에 고여 있는 시간입니다. 그곳에는 진
평왕眞平王(신라 제26대 왕)의 딸 선덕여왕善德女王(신라 제27대 왕)
이 만들어놓은 생각의 궤적과 그 큰마음과 이후의 시간들이 담
겨 있기 때문입니다. 그 한가운데에 앉아 있으면 우주의 중심
에 있는 듯한 생각이 듭니다. 특히 해가 지는 무렵의 저녁 시간

에 가면 참 좋습니다.

언젠가 가을 저녁에 가족들과 황룡사지에 갔던 적이 있습니다. 역시 해가 뉘엿뉘엿 지고 있었고 주황색이 온 세상을 물들이고 있던 시간이었습니다. 그리 많지 않은 관광객도 근처 식당으로 저녁 식사를 하러 갔는지 숙소로 쉬러 갔는지 사라졌고, 그 넓은 황룡사 터에는 저희 가족뿐이었습니다. 경주의 중심이 더욱 중심으로 느껴지는 깊고 깊은 시간이었습니다.

그때 저쪽에서 한 사람이 자전거를 타고 들어오는 것이 보였습니다. 예순 살은 넘었고 일흔 살까지는 되어 보이지 않는 노인이었습니다. 그는 옛날 황룡사 장륙존상이 힘차게 서 있던 자리 앞에 자전거를 세우더니 부처님이 서 있었던 돌 위로 올라가 기체조 같은 동작을 너울너울 하기 시작했습니다.

저희가 구경을 하거나 말거나 우아하게 원을 그리는 동작이 한참 동안 진행되었습니다. 우주의 모든 기를 두 손에 그러모으는 것 같기도 하고, 천 년이 넘게 고여 있는 시간을 잘 섞이도록 휘휘 젓는 것 같기도 했습니다. 세상에서 그렇게 아름다운 춤은 처음 보았습니다. 그 아름다움이 그 장소와 그 시간에 너무나 잘 어울렸기 때문이었던 것 같습니다.

궁
전
의

장엄.

오래전 신문에서 읽은 이야기입니다. 전라도 어느 절에 가면 어떤 신흥종교 집단이 그 절에서 자기네 집회와 행사를 한다는 것이었습니다. 이유는 그 종교를 만든 이가 "내가 죽어 어느 절에서 미륵으로 다시 환생하리라"는 말을 했고, 이후 신도들이 그 절로 몰려가서 자기네 식대로 엄숙히 예배를 드린다는 것이었습니다.

참으로 희한한 일이었지만 당사자들끼리는 아무런 문제가 없었던 모양이었습니다. 기자는 당연히 그 절 스님에게 물어보았답니다.

"좀 그렇지 않은가요?"

스님은 심드렁하게 대답했다고 합니다.

"절은 누구나 다 받아줍니다."

절의 품은 넓기도 합니다. 그래서 절에는 온갖 사람이 있습니다. 답답한 사람은 답답한 사람대로, 잘나가는 사람은 잘나가는 사람대로 이마를 땅에 문지르며 무언가를 열심히 중얼거립니다.

인사동에 점심을 먹으러 갔다가 안국동 쪽으로 골목을 끼고 나오는데 건너편에 조계사가 보였습니다. 조계사는 원래 거기 있었지만 저는 그날 처음 보았습니다. 큰 도로변에 서 있던 건물을 헐어버리니 절이 훤히 드러나게 된 것이었습니다. 횡단보도를 건너서 절로 들어섰습니다. 초파일을 앞둔 절 마당은 사람과 허공에 매달린 연등 그림자로 어수선했고, 절의 한적함이라든가 엄숙함이라든가 하는 것은 찾을 수 없었습니다. 다만 분주함이 가득할 뿐이었습니다.

대웅전은 공사용 비계로 거의 가려져 있었고, 유명한 백송이며 회화나무도 구름처럼 떠 있는 연등에 반이 썰려 있었습니다. 공사판을 헤집고 대웅전 안으로 들어섰습니다. 넓고도 높은 그 집 안에는 호리호리하고 온화하게 생긴 석가모니가 단정하게 앉아 있었습니다. 참으로 잘생긴 부처님이었습니다.

여래가 거처하시는 궁전과 누각은 넓고 장엄하고 화려해서 시방에 충만하며 가지각색의 마니摩尼로써 이루어져 있었다. 온갖 보배꽃으로 장엄하였고 모든 장엄에서는 광명이 흘러나와 구름 같

으며 궁전 사이에서는 그림자가 모여서 깃대가 되었다. 한량없는 보살들과 도량에 모인 대중들은 모두 그곳에 모여 여러 부처님의 광명과 부사의한 소리를 내었다. 마니보배로서 그물이 되었는데 여래의 자재하신 신통력으로 모든 경계가 다 그 속에서 나오고 일체 중생의 거처하는 집들이 다 그 속에서 영상처럼 나타나며 모든 부처님의 신력으로 일념一念 사이에 온 법계法界를 다 둘러쌌다.

이 글은 『화엄경』의 첫머리에 나오는, '궁전의 장엄'이라는 부처님이 머무르는 곳에 대한 묘사입니다. 그림자가 모여 깃대가 되었습니다. 절의 넓은 품에서 모두 두루 빛을 받습니다. 그 뜻을 잘 모르겠습니다. 빛을 받는 곳이 있으면 그늘도 있는 법인데, 그곳에는 그림자가 없습니다.

충남 서산에 있는 그 유명한, 백제의 미소를 잔뜩 머금고 있는 서산 마애불을 보기 위해 초록이 뚝뚝 떨어지는 나무 그늘을 밟고 올라가다 보면 마애불을 닮은 관리인 아저씨 집이 나옵니다. 그 집 대문을 지나 잠깐 나오는 내리막길을 가다 보면 왼쪽에 돌로 만든 불상이 하나 있습니다.

표지판도 없습니다. 조그마하고 다섯 살 먹은 아이만 한, 모든 윤곽이 닳고 닳아 두루뭉술해서 표정조차 알아볼 수 없습니다. 다만 손 모양이 인상적입니다. 보통 부처의 손 모양(수인手印)으로 어떤 부처인지 알 수 있습니다. 그 부처는 오른손 두

번째 손가락을 왼손이 꼭 잡고 있는 지권인智拳印을 하고 있으니, 말하자면 비로자나불입니다. 사람들과는 아무 상관도 없다는 듯이 그렇게 가부좌를 틀고 앉아 있습니다.

"당신을 기다리다 돌이 되었다."

그 위로 눈이 오고 비가 오고 바람이 불고 나뭇잎이 덮여도 그렇게 앉아 있습니다. 그 돌부처를 눈여겨보는 사람은 없지만, 모두 잠시 길에서 벗어나 그 만만한 부처를 한 번 만져봅니다. 어깨를 만져보고 머리를 쓰다듬어보고 합니다.

그러거나 말거나 그 부처는 오롯이 앉아 있습니다. 그렇게 만만하게 생긴 부처는 여태 본 적이 없습니다. 어디에 놓으려고 만든 부처이기에 저런 모습일까요? 도대체 알 수 없습니다. 그 부처의 다른 부분은 모두 비바람에 쓸려 원래의 돌이 되어버렸고, 다만 무엇으로도 떨어뜨릴 수 없을 것 같이 꼭 잡은 손가락만 부처로 남아 있습니다. 단호하게…….

"나는 절대로 놓지 않을 것이다."

일
탈
의

공간.

세상의 속도가 너무 빨라서 아무리 빨리 달려도 따라잡히지 않습니다. 그래서 늘 피곤합니다. 어린 시절 가끔 기어들어가던 컴컴하고 매캐한 벽장 속이라든지, 잠깐 숨어 있다가 깜빡 잠이 들었던 장롱 속과 같은, 시간이 잠시 멈추는 그런 공간 속으로 들어가고 싶어질 때가 있습니다. 가벼운 일탈에 대한 유혹을 느낄 때가 간혹 있습니다.

초등학교 시절 저에게 '벽장'은 남산에 있던 어린이회관이었습니다. 지금은 서울시교육청 교육연구정보원으로 바뀌었지만, 그곳은 당시에는 드물었던 종합 놀이 공간이었습니다. 하얀 돔을 머리에 얹은 이국적인 건물이었는데, 그곳에는 전국 각지에서 몰려드는 어린이들로 넘쳐났습니다.

그때 저는 후암동에서 살고 있었는데 일요일이면 어린이들이 피리 부는 사나이를 쫓아가듯 넋을 잃고 남산으로 몰려 올라가는 것을 보았습니다. 휴일이 지나고 난 다음 날에는 어린이회관으로 가서 한바탕 바람이 휩쓸고 지나간 뒤의 자취를 보았습니다. 그것은 축제의 밤이 만들어내는 열기와 다음 날 새벽의 차가움만큼이나 이질적이며 생경한 아름다움이었습니다.

저는 특히 열기가 급속히 식은 공간의 적막함이 좋았습니다. 그 차갑고 느슨한 느낌! 공휴일 다음 날 손님이라고는 저 하나뿐인 그 안에서 저는 깊은 바다의 바닥을 걷는 듯한 느낌을 즐겼습니다. 그 느낌은 아주 평온했습니다.

시간이 지나 고등학교에 들어갔을 때 집은 이사를 했고 저의 '벽장'은 경복궁으로 옮겨졌습니다. 당시 그곳은 지금처럼 여러 건물이 복원되기 전이어서 몇 채 남은 한옥과 화강암으로 만든 권위적인 양옥, 얼굴에 번지는 버짐처럼 여기저기 패여 있는 빈 땅들로 이루어진 곳이었습니다.

그중 제가 주로 찾던 곳은 광화문 바로 뒤에 있는, 지금은 허물어지고 없는 중앙청을 개조해서 사용하던 국립박물관이었습니다. 예나 지금이나 박물관을 찾는 사람은 뻔하고 찾는 시간도 뻔해서 저는 편하게 그곳을 점유할 수 있었습니다.

평일, 특히 비가 오는 날 오후면 저는 8번 버스를 타고 정류장에서 내려서 걸어 들어갔습니다. 꺾어지는 지점에 밀랍 인형처럼 접이의자에 무료하게 앉아 있는 경비 아저씨들 외에는

그 큰 공간이 온통 저와 유리 안에 담겨 있는 시간의 기억들뿐이었습니다.

저는 학교 수업 시간에 기계적으로 외워야 했던 '강박'들은 보지도 않고 획획 지나쳤습니다. 그 대신 천장은 높고 복도는 넓으며 외부의 기온과는 무관하게 일정한 온도와 습도를 유지하는 그곳을 아주 천천히 걸어다니며 그 냄새를 맡았습니다. 그것은 참선을 하는 것과 비슷한 경험이었는데, 이런저런 생각은 저절로 지워지고 여러 가지 욕심은 소리 없이 바닥으로 가라앉고 몸은 흐르는 물처럼 그 안에서 저절로 흘러갔습니다.

세상은 점점 빨라지고 모두 한군데 모여 살다 보니 갈수록 사람들은 엽기와 신경질에 칡넝쿨처럼 엉켜서 빠져나오지 못하고 있습니다. 그리고 '벽장'은 구체적인 장소가 아닌 첨단의 디지털 문명이 만들어준 가상의 공간으로 대체되었습니다. 그러나 그 공간들은 감촉이 없고 냄새도 없으며 결정적으로 존재하지 않습니다. 이제는 일탈도 그저 순간적인 환상일 뿐입니다.

"피로가 풀리지 않는다……."

시
간
을
담
은
벽,

통의동 옛집.

집에 시간을 담아보았습니다. 조금은 단순하
고 직설적인 이야기입니다. 20여 년 전, 그러니까 저희가 충주
김 선생 댁을 다 짓고 난 후 서울에 살 집을 한 채 지은 적이 있
습니다. 새로 지은 것은 아니었고 저만큼이나 나이를 먹은 낡
은 집을 한 채 구해 살림과 작업을 할 수 있는 공간으로 고치는
일이었습니다.

그 집은 벽돌과 시멘트로 쌓은 2층 슬래브 양옥집이었습
니다. 지어질 당시에는 무척 신식이었고 세련된 집이었을 테지
만, 사실 유행이라는 것은 부질없고 아름다움이란 것도 영원하
지 않은 법이라, 그 집은 잘나가던 시절을 다 보내고 '이제는
돌아와 거울 앞에 선' 누이처럼 옹송그리는 어깻죽지와 하얀

서리가 내린 머리, 그래도 또렷하게 살아 있는 눈을 가진 하나의 생명체와 같은 얼굴로 저를 맞았습니다.

말할 것도 없이 그 집은 퇴락해 있었습니다. 숨이라도 한번 크게 불어넣으면 금세 허물어질 듯 푸석푸석한 상태였습니다. 더군다나 시간의 더께와 사는 사람의 욕심이 보태져서 집은 얇고 앙상한 뼈대 위에 많은 군살을 얹고 있었습니다.

제일 먼저 해야 하는 일은 그 살들을 덜어내는 것이었습니다. 하나씩 덜어내면서 후련해하고 시원해하는 집을 보며 저도 머리가 개운해지는 느낌이 들었습니다. 거실 벽을 둘러치고 있는 나무판을 떼어내기 시작했습니다. 그 나무판은 처음에는 금강석처럼 단단하고 늘씬했겠지만 나무 위를 덮은 바니시(니스) 피막으로 숨을 쉬지 못해서 껍질을 벗은 매미처럼 속은 텅 비어 있었고 겉만 반질반질하게 남아 있었습니다.

나무판들이 우수수 쏟아져내리고, 그 안쪽으로 집을 지탱하고 있는 벽돌들이 드러났습니다. 대강대강 쌓아놓은 벽돌들과 벽돌들을 붙여주었던 시멘트 풀이 벽돌을 타고 내리기도 하고 벽돌 틈으로 삐져나오기도 했습니다.

어느 날 아침, 아마도 세상이 녹색으로 덧칠되기 시작하는 5월 중순 무렵이었을 겁니다. 2층에 뚫린 창문으로 아침 햇살이 계단을 타고 내려와 방금 껍질을 벗고 어색해하며 서 있는 벽에 들어가 박혔습니다. 저에게 무슨 사인이라도 보내듯……. 네모난 창문으로 들어온 빛은 꼭짓점을 위로 향한 채

세워진 날 선 삼각형처럼 무덤덤한 벽에 날카로운 자신의 모습을 구체화하고 있었습니다.

사실 건축이라는 것은 구체적인 생활을 담다 보면 구차해지기도 하지만, 표현하기 힘든 사람들의 생각이나 잡히지 않는 시간의 흔적들이 담길 때는 고상하고 우아해지기도 합니다. 특히 세상 도처에 깔려 있는 빛이 문득 어떤 틈을 타고 내려와 사람들이 단지 집을 세우기 위해 혹은 생활을 구분하기 위해 세워놓은, 말 없는 무덤덤한 벽에 합쳐질 때 건축은 향기로워집니다. 저는 그 사인을 벽에 표시하고 그 사인대로 페인트를 칠했습니다. 그리고 우주의 어느 찰나, 빠른 속도로 지나가는 시간의 어느 순간을 벽에 새겨놓았다고 좋아라 했습니다.

건축에는 시간이 담깁니다. 어떤 찰나일 수도 있고, 어느 길고 긴 시간일 수도 있고, 어떤 사람들의 생각일 수도 있습니다. 말하자면 건축은 타임캡슐입니다. 좋은 시간이든 나쁜 시간이든 건축에는 그런 시간들이 담기고 천천히 들여다보면 그 시간들이 읽힙니다.

명
당.

좋은 빛과 어떤 빛나는 시간이 담긴 공간은
사람을 아주 기분 좋게 해줍니다. 그 두 가지가 합해지면서 이
야기가 만들어집니다. 경기도 여주에 가면 신륵사라는 절이 있
습니다. 그 절은 서울에서 가깝고 주변에 여러 가지 문화적인
시설과 역사적인 유물이 있어서 누구나 자주 가는 곳입니다.

아름다운 강을 앞에 둔 그곳에는 멋진 전탑과 대리석탑,
늘씬한 건물들, 부처님의 영역과 훌륭한 스승의 영역이 나란히
놓여 있습니다. 그런데 서로 대치하지 않고 조화롭게 배치되어
있어서 그 조화의 지혜에 감탄을 금할 수 없습니다.

저는 그중에서도 스승의 영역인, 조사당 뒤로 난 계단을
올라가면 만나는 보제존자 석종, 즉 부도가 있는 자리를 좋아

합니다. 그 부도가 있는 곳은 우리나라 풍수지리의 큰 스승인 무학 대사가 자신의 선생님을 위해 자리를 잡아놓은, 세상에서 가장 아름다운 장소이기 때문입니다. 흔히 우리가 말하는 명당입니다.

물론 명당이라고 하면 자손이 탈 없이 살살게 해준다거나, 큰돈을 벌게 해준다거나, 집안이 크게 일어나게 하는 여러 가지 복을 받는 땅을 일컫습니다. 그런데 사람들은 옥녀가 베를 짜는 형국이니, 용이 하늘로 오르는 형국이니 하면서 자신들이 생각하는 길한 형상을 가져다 붙이며 의미를 생산해냅니다.

그런 의미에서 이 땅을 어떻게 부르는지 저는 잘 알지 못합니다. 다만 그곳을 향해 오를 때 보았던, 지붕처럼 덮인 나뭇잎 사이로 햇살이 스며들어 만들어내는 얼룩덜룩한 빛의 자국을 생각하면 기분이 좋아집니다.

한참을 걸어 올라가면 오목한, 어찌 보면 평범하기 그지 없는 자리에 부도가 앉아 있습니다. 위압감도 없고, 대단한 드라마도 없는 그 땅이 너무나 평온하고 명랑해서 좋습니다. 무학 대사가 스승에 대한 생각과 어리광이 섞인 존경심을 자신이 아는 언어를 통해서 우리에게 전달해주는 것 같습니다.

그 속에는 오래전 무학 대사가 산을 더듬다가 그 언덕길을 오르고 그 언덕으로 들어오는 햇볕을 쬐며 즐거워하던 시간이 들어와 박혀 있는 것만 같습니다. 언제 가더라도 그곳은 아늑하고 훈훈합니다. 이런 곳이 명당 아닐까요? 저는 건축의 모습, 나아가 집의 모습은 그런 모습이 되어야 하지 않을까 막연히 생각했습니다. 시간이 꽤 많이 지났습니다. 신륵사에 가서 무학 대사의 이야기를 듣기 시작한 지 30년이 넘었습니다.

느
티
나
무

그늘.

서울에서 멀지도 가깝지도 않은 곳에 집을
한 채 짓고 있을 때입니다. 꽉꽉한 고속도로를 지나면 조금 한
적한 국도가 나오고, 조금 더 가면 갑자기 사방이 조용해지고
길은 완전히 다른 국면으로 접어듭니다. 길옆으로 사과나무와
복숭아나무가 즐비하게 늘어서 있고, 지나다니는 사람은 보이
지도 않습니다.

사람은 없고 나무들만 보이는데, 그중에서도 가장 눈길을
잡아끄는 것은 마을 중간, 짧은 콘크리트 다리 하나 걸쳐 있는
개울가에 우람하게 서 있는 느티나무였습니다. 저는 동네를 들
어서며 항상 그 울창한 그늘을 봅니다. 저 그늘…….

한번은 제게 집을 설계해달라는 의뢰가 한꺼번에 세 건

이 온 적이 있었습니다. 하나는 청주 시내를 조금 벗어난 미원이라는 동네였고, 하나는 양재동 지나 나오는 염곡동이라는 곳이었으며, 나머지 하나는 강화도 고인돌 공원 조금 못 미쳐 왼쪽으로 꺾어지면 나오는 한적한 동네였습니다.

세가 집 지을 땅을 보러 갔을 때마나 들어가는 초입에는 세 곳 모두 약속이나 한 듯이 느티나무가 저를 기다리고 있었습니다. 청주에서는 집 자리 건너편에 400년 된 느티나무 한 그루가 저를 멀뚱멀뚱 바라보고 있었고, 염곡동에서는 500년 된 느티나무 두 그루가 땅의 뒤통수를 바라보고 있었으며, 강화도 땅에는 겨드랑이께에 400년 된 느티나무가 버티고 있었습니다.

느티나무 그늘을 보면 쉬고 싶어집니다. 그늘이 지우개처럼 생각을 지워내고 그 자리에 졸음을 밀어넣는 모양입니다. 그늘은 울창하고 공기는 눅진하지만, 가볍고 포근합니다. 그 그늘에서 한 번도 쉬어 보지는 못했지만 제가 오랫동안 머물던 곳같이 익숙합니다. 저는 길을 가다가도 느티나무 그늘을 보면 속도를 늦추고 힐끗거립니다.

그때 저는 느티나무는 실컷 보았지만, 청주는 집안 사정으로 인해서, 염곡동은 법이 허락하지 않아서, 강화도는 사소한 입장의 차이로 인해서 일은 모두 취소되었습니다. 그 자리에는 그때 보았던 그 깊고도 울창해 저를 한없이 깊은 잠으로 밀어넣어줄 것 같은 느티나무 그늘만이 생생하게 남아 있습니다.

그
림.

오래전 저희 집 둘째 아이
가 그린 저의 얼굴입니다. 감동이 있는 그
림을 만나는 것이 그리 쉬운 일은 아닙니
다. 그러나 기교 없이 솔직한 아이들의 그
림을 보면 언제나 감동을 받습니다. 기교가 없
고 장식도 없지만 무언가 예민한 마음의 급소를 푹 하고 찌르
는 듯한 느낌이 듭니다.

박수근이 재료를 가리지 않고 여기저기 그려놓은 그림들
이라든가, 김홍도가 사람들의 등짝에 밀착해 코를 킁킁거리며
그린 그림들을 호젓하게 볼 때도 그렇습니다. 그러나 대놓고
보란 듯이 걸려 있는 무수한 비싼 그림들은 저에게 그런 감동

을 주지 않습니다.

　부직포 달린 청소용 밀대로 방바닥을 밀다가 텔레비전에서 흘러나오는 뉴스에서 박수근의 〈농악〉이 경매에서 20억 원에 팔렸다는 소식을 들었습니다. 저는 박완서의 『나목』이라는 소설을 통해서 박수근을 알게 되었습니다. 또 1989년 대학로 어딘가 전시회에서 본, 그가 갱지나 얇디얇은 종이에 그린 이런저런 정물이나 풍경화 같은 작은 그림을 통해 알게 되었습니다.

　그때 큰맘 먹고 산 그의 화집에 하얀 러닝셔츠를 입고 창신동 집 마루에 양팔로 무릎을 싸안고 남루하게 앉아 있던 박수근의 사진이 있었습니다. 신장이 안 좋았다던가 무척 가난했으며, 반도화랑 근처를 어슬렁거리다가 술이나 한 잔 얻어먹으며 살았다는 이야기를 읽은 적이 있습니다.

　그런데 그의 그림이 수십 억 원에 팔린다는 이야기는 그가 평생 입고 다니던 그 가난과, 동글동글하고 파삭거리는 그의 그림과 쉬이 연결되지 않았습니다. 엽기적이고 생뚱맞았습니다. 저는 밀대로 방바닥을 밀고 다니다가 갑자기 바닥이 불뚝 솟은 것처럼 멈칫거렸습니다.

　아무 생각 없이 산다는 것이 얼마나 어려운지, 스님이 평생 도를 닦아 얻는 것이 결국 아무 생각 없음이고, 추사 김정희가 평생 공부해서 얻은 경지가 일곱 살 때 쓴 글씨체라고 합니다. 세상 태어나서 아무것도 하지 말고 아무것도 배우지 말고 그냥 살면 되는 거 아닌가 그런 생각이 들기도 합니다.

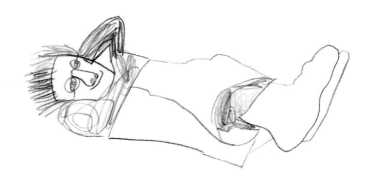

역시 그맘때 큰아이가 그린 제 모습입니다. 이 그림에는 다행히 코가 붙어 있고 머리털도 제법 남아 있습니다. 소용돌이치는 팔꿈치와 텔레비전을 보는 흐뭇한 입과 느닷없는 버선발이 재미있습니다. 몸 안에 남아 있는 에너지를 털어내듯이 그림을 몰아쳐서 그려낸 것입니다.

에너지를 발산하는 데 그림보다 좋은 것은 없을 것입니다. 조기 축구가 더 적합하다고 생각하는 사람도 있겠지만……. 누구에게 보여주기 위해서 그리느냐에 따라 그림은 달라집니다. 학교에 제출하기 위해서, 남에게 보여주기 위해서 그리는 그림은 언제나 '후지게' 마련입니다. 그냥 그리는 그림이 좋습니다. 그러나 그게 마음대로 되는 것이 아닙니다.

고흐는 평생 자기 생각만 하며 살았다고 합니다. 느닷없이 그림을 시작했는데, 데생도 되지 않고 정신도 멀쩡하지 않은데, 자신은 그림을 그려야 한다고 생각하면서 주위 사람들을 몹시도 괴롭혔다고 합니다. 30여 년 전 우연히 만났던, 이중섭의 제자라고 자신을 밝힌 할아버지가 들려주신 이야기입니다.

복사지에 4B 연필로 눈이 형형한 소를 그려준 그 '소화자(영화 〈취권〉에 나오는 절정 고수)' 같던 화가 할아버지는 비닐에 담긴 고추장에 양배추를 찍어서 안주 삼아 소주를 마셨습니다. 그리고 우리에게 이야기해주었습니다. '인상파 놈들'이 얼마나 놈팡이였고 무지렁이였으며 비렁뱅이였는지……. 그때의 이야기를 오늘날 서울 어느 후미진 술집 풍경으로 번안해서 생생하게 들려주었습니다.

고흐를 들여다보았습니다. 얼마나 많은 달력에 그의 그림이 있었으며, 그 달력이 잘려 얼마나 많은 중학생과 고등학생의 책을 포장해주었는지……. 그 흔한 고흐의 그림을 들여다보았습니다. 미친 듯이 소용돌이치는 〈해바라기〉와 〈별이 빛나는 밤〉을…….

30여 년 전 시간이 많이 남던 시절, 한가한 시간에 국립박물관에 가서 몇 층이던가 그림들을 모아놓은 방에서 하나하나 찬찬히 뜯어보던 중이었습니다. 김홍도의 이름이 명찰처럼 달린, 꼭 국어책 크기의 작은 그림 한 점이 눈에 띄었습니다. 자세히 살펴보니, 붓의 놀림과 속도, 중간중간의 망설임, 물이 마르면서 생긴 물 자국들이 매끈한 얼굴 안에 숨어 있는 땀구멍이나 여드름 자국처럼 선명하게 보였습니다.

그 느낌이 참 좋았습니다. 좋은 정도가 아니라 감동적이었습니다. 잘은 모르지만 김홍도가 내 옆에 있는 것 같다는 느

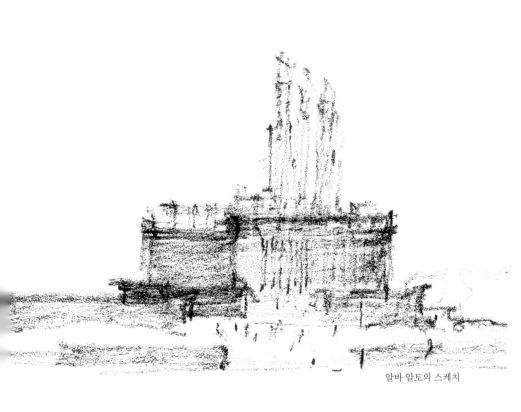

알바 알토의 스케치

낌이 감동으로 치환되었는데, 뭉클하다든가 그런 울림이 아닌, 뭐랄까 신기하고 현실감에서 살짝 비껴나면서 어안이 벙벙해지는 그런 감동이었습니다.

현실을 똑같이 그린 그림보다는 제가 이해하는 범위 내에서 솔직하게 그리는 그림이 감동을 줍니다. 또 자기가 원하는 것을 자신의 화법으로 진솔하게 그리는 그림도 감동을 줍니다. 핀란드의 건축가 알바 알토Alvar Aalto의 스케치는 언제 보아도 좋습니다. 이리저리 이유를 달아보았는데 별다른 것은 없더군요. 그저 솔직하고 따뜻한 정신이 느껴져서 그런 것이겠지요.

좋은
집은
주인을 닮는다.

　　매번 집을 지을 때마다 느끼는 것은, 어쩌면 한 번도 같은 경우가 없느냐 하는 겁니다. 어떤 때는 너무 생각이 풀리지 않으면 지난번에 했던 걸 슬쩍 끼워넣고 싶기도 합니다만, 직업적인 윤리 의식이 덜컥 걸리기도 합니다.

　　무엇보다도 그것은 절대 불가능한 일입니다. 여태껏 집과 집을 앉힐 땅의 조건이 같은 경우는 한 번도 없었습니다. 얼굴이 같은 사람은 지구상에 하나도 없는 것처럼 말입니다. 하긴 요즘은 사람의 얼굴이든 집이든 사진을 보여주면서 "이렇게 해주세요" 하면 거의 비슷하게 만들어주기도 한다지만 말입니다.

　　어떤 집은 땅이 너무 세서 집을 앉히느라 고생을 하고, 어떤 집은 그 집에 살 사람이 너무 강해서 고생을 하기도 하고, 어떤 집은 땅이나 주인이나 아무런 요구가 없어서 곤란할 때도 있습니다. 드물긴 하지만 원래 있던 집을 고치려 할 때, 집의 주장이 너무 강해서 고생하는 경우도 있습니다. 그렇게 집을 짓는다는 것은 흥미로운 일이기도 하고 가슴 부풀게 하는 일이기도 하지만, 매우 골치 아픈 일입니다. 하긴 사람 사는 집이 그렇게 단순할 리가 없겠죠.

신 선생은 대대로 경남 마산에 살아왔던 그 지역 토박이입니다. 그분이 하는 일은 농업 컨설팅입니다. 내충 들은 바로는 농사짓는 분들에게 벼농사 말고 수익 구조가 괜찮은 화훼 농사라든가 하는 부업을 지도해주고 유통까지 도와주는 일이라고 합니다.

그래서인지 그분이 풍기는 인상도 상당히 복합적이었습니다. 큰 덩치에 어울리는 큰 음성, 몸짓과 더불어 섬세함과 치밀함 또한 겸비한 분이었습니다. 그리고 직업이 농사와 관계된 일이라서 그런지 일을 무리하게 진행하지 않았습니다. 매사에 막힌 생각이 없고, 어떤 일이든 합리적인 방향을 찾아 해결해나가는 분이었습니다. 어느 동네에나 꼭 있는 풍채 좋고 목소리 걸고 사람 좋은 형님 같은 분이었습니다. 제가 처음 만났을 때 "설계비를 이렇게 주십시오" 하고 말씀드렸을 때 "그렇게 하십시오"라고 짧게 대답해서 저를 당황하게 만들기도 했습니다.

일을 되는 대로 방치하는 것이 아니라, 일이 흐르는 대로 따라가며 앞에 걸릴 것 같은 돌덩이만 몇 개 걷어내는 방식으

로 사는 분이다 보니, 그분 앞으로 흐르는 물은 늘 잔잔하지만 느리지도, 옹색하지도 않게, 부드럽게 흘러가더군요.

신 선생은 전라도 무안으로 일을 하러 다니다가 우연히 저희가 설계하고 전희수 소장이라는 분이 시공하고 있던 약 50제곱미터(15평)짜리 작은 집을 보셨다고 합니다. 이렇게 해서 전희수 소장을 통해 그분을 만나게 되었습니다. 전희수 소장은 주로 경량 철골조 주택을 시공하는 분입니다. 경량 철골조란 미국의 목조 주택, 즉 푸른 초원 위에 하얀 벽과 경사지붕 위 뾰쪽한 뻐꾸기 창이 있는 집처럼 꿈에서나 나올 것 같은 집을 현대식 재료로 번역(?)해서 짓는 집입니다.

집을 이루는 뼈대는 '투 바이 포(2×4)'니 '투 바이 식스(2×6)'니 하는 나무 뼈대를 가벼운 양철로 대신하고, 바깥 껍질은 나무로 만듭니다. 비늘벽을 플라스틱이나 시멘트 성형판으로 대신하고, 지붕도 '아스팔트싱글'이라는 간편한 재료로 장판 깔듯이 죽 깔아 짓기 편리하고 관리하기도 편한 집입니다. 그러나 한편으로는 인공감미료가 들어간 음식 같기도 하고, 자연 재료가 적게 들어가 싫다는 사람도 많아 논란이 되는 집이기도 합니다.

집의 모양은 의사擬似 목조 주택입니다. 어쩐지 짝퉁 냄새가 나서 싫지만 집에 지나치게 많은 돈을 들이는 요즘 '자의식 과잉'의 집들보다는 훨씬 인간적이고 합리적이라는 생각을 가지고 있습니다.

이상한 복고 취미 혹은 건강에 대한 염려가 결합되어 상업적인 목적에 휩쓸리는 요즘의 비싸고도 '럭셔리한' 집들은 다시 한번 생각해보아야 합니다. 그런 집들은 대부분 '디자이너 선생님'이 특별히 대단하게 디자인해주신 이브닝드레스처럼 몸과 행동을 제약해 사람을 인조인간으로 만들기 쉽습니다.

신 선생 슬하의 자식들은 모두 장성해서 서울에서 학교와 직장을 다니기 위해 떠나는 바람에 내외분들만 남게 되었는데, 이참에 새로 집을 짓기로 한 것입니다. 직업상 자주 전국 각지로 돌아다니다 보니 복잡한 시내보다는 한적한 곳, 그러면서도 고속도로로 쉽게 접근할 수 있는 동네를 고르기로 했답니다.

그렇게 고른 곳이 마산에서 진주 쪽으로 가다 보면 나오는 인곡리라는 마을입니다. 그 마을은 민가는 몇 채 없고 논과 밭과 산이 나지막하게 손을 부여잡고 있는 동네였습니다. 제가 간 날은 겨울의 한중간이었습니다.

그 땅은 그냥 도로변의 빈 들이었고, 바로 몇 달 전까지 농사를 짓던 논이었습니다. 벼가 자라던 곳에 집을 쑥 올린다는 것도 저에게는 처음 해보는 일이었습니다. 전후좌우 무엇 하나 걸릴 것이 없었습니다.

도시에서 늘 여기저기 눈치를 보며 설계를 했기 때문일까요? 간혹 만나게 되는 이런 땅은 언제나 당황스럽습니다. 아무리 시골이라도 땅을 걷다 보면 어딘가 툭 하고 발에 차이는 조건이 있기 마련인데, 이 땅은 그런 것이 어디에도 없었습니다.

말하자면 이렇게 해도 되고 저렇게 해도 되는 땅이었습니다.

가령 차를 몰고 어딘가로 가서 주차를 하려 했더니, 말끔히 포장된 주차장에 주차 구획도 없고 차도 한 대 없어서 어느 방향으로 어떤 길목을 피해 주차를 해야 할지 잠시 당황하게 되는 정도, 아니 그 이상으로 땅의 의지가 전혀 보이지 않았습니다. 앞으로도 트여 있고 뒤로도 트여 있어 사막에서 밤을 맞는 것 같이 외롭기도 하고 시원하기도 한 땅이었습니다.

더군다나 건축주의 요구도 땅처럼 널찍하고 평평해서, 기껏해야 거실과 안방이 잘 연결되었으면 하고, 주차 공간과 자식들이 명절 때라든가 집에 모일 때 있을 장소만 만들면 된다는, 간단하기 그지없는 요구 조건만 들이밀었습니다. '너, 어떻게 하나 보자'며 저를 논밭 한가운데에 던져놓은 것 같았습니다.

그분이 그동안 키워왔던 자식 같은 나무들, 즉 금목서, 남천, 능소화, 백일홍, 수양매화, 은목서 등이 들어갈 자리를 만들어달라는 부탁은 있었습니다. 저는 그 집 마당에 가서 범상치 않게 생긴 '귀한 나무'들을 바라보았습니다. 나무들도 아무런 의지를 보이지 않고 저를 물끄러미 바라볼 뿐이었습니다.

저는 아주 단순하게 모든 창이 남쪽으로 향해서 집 안이 고르게 환해질 수 있도록 방들을 길게 늘어놓았습니다. 어려운 일일수록 단순하게, 이것이 저의 원칙입니다. 땅의 모양대로, 땅의 흐름대로, 해가 움직이는 방향을 생각해서 집을 앉혔습니다.

앞뒤로 긴 마당이 두 개 생겨났고, 앞마당을 두 개로 갈랐습니다. 들어오는 문은 북쪽으로 내고 왼쪽부터 안방과 거실을 만들고, 티T자 모양으로 튀어나온 곳에 자녀들의 방과 부인의 작업실을 만들었습니다. 차가 드물긴 하지만 찻길에 면해 있으니 집과 조금 거리를 둘 필요는 있을 것 같아서였습니다. 그리고 지붕도 문제 생길 일이 거의 없는 경사지붕으로 차분하게 앉혔습니다.

말하자면 신 선생의 세상 사는 모습처럼 그냥 흐르는 대로 집을 앉혔습니다. 그것이 설계의 전부였습니다. 설계안을 만들고 그것을 도면으로 그려서 신 선생께 보여드렸습니다. "좋습니다"라는 말 이외에는 다른 말이 없었습니다. '원안 통과.' 흔치 않은 경우입니다.

사실 어쭙잖은 경험에 의하면 이런 경우 나중에 문제가 될 가능성이 많습니다. 왜냐하면 처음에 좋다고 하는 것은 건축가를 대단히 신뢰하고 있다든가, 도면에 대한 이해를 뒤로 미루는 경우입니다. 전자는 건축가가 유명하다든가, 오랫동안 봐 와서 그 사람에 대해 어떤 의심도 없을 때니 저에게는 해당되지 않습니다. 후자는 대부분 집의 골조가 완성될 때부터 시빗거리가 생기기 시작해서 무척 고된 일이 연속적으로 생겨납니다. 그래서 결국 건축가나 건축주, 시공자까지 나중에 머리가 하얗게 세게 됩니다. 상당히 걱정이 되는 상황입니다. 그러나 신 선생은 몇 가지 자신의 요구 조건만 확인하고 아무런 이야기가 없었습니다.

그림대로 땅을 정리하고 바탕을 놓고 그 위에 집의 뼈대를 세우고 지붕을 덮고……. 신기하게도 그해 봄에는 비가 오지 않았습니다. 아무런 무리도 없고 차질도 없이 믿을 수 없을 정도로 순조롭게 일이 진행되었습니다.

심지어 집을 짓기 위해 관청에 허가를 내는 일조차 담당하는 분을 잘 만나 쉽게 해결되었습니다. 보통 서울에서 지방으로 건축 허가를 접수하러 가면 그 동네만의 절차에 익숙하지 못해 서류를 잘못 만들어가거나, 법 적용을 잘못하거나, 동네마다 있는 이른바 '텃세'로 인해 몇 번을 들락날락하면서 시들어가게 마련입니다.

마산 시청에 가기 전에 아는 사람을 통해 들은 바로는 허가를 내주는 담당 공무원이 까다롭기로 소문난 분이었고, "모르긴 해도 열댓 번 들락거려야 할 걸" 했는데 신기하게도 우리 일은 새로운 담당이 맡게 되었습니다.

새로운 담당 공무원은 서류를 보더니 정확하게 자신이 봐야 할 부분만 확인하고 나서는 문제될 것이 없다며 다 되었다고 가보라고 했습니다. 믿어지지 않아서 정말 그냥 가도 되냐고 묻는 제게 그 공무원은 "문제가 생기면 제가 여기서 서류로 정리해서 처리해 드릴게요. 서울에서 여러 번 오실 필요 있나요?"라고 대답하더군요. 이것 역시 전에는 한 번도 겪어보지 못한 신기한 일이었습니다.

모든 일이 이런 식이었습니다. 결국 비도 오지 않는 마른

봄 3개월을 보내고 장마가 오기 전에 집은 완성되었습니다. 그 동안 맡겨놓았던 '물끄러미 나무'들도 무사히 마당에 옮겨 심고 가구들을 차곡차곡 놓고 나니 일이 끝났습니다. 신 선생은 공사하는 동안 쓰기 위해 샀던 1톤짜리 중고 트럭을 팔고 집으로 들어와서 일을 시작했습니다.

어찌 보면 그 집은 추억할 것이 하나도 없었습니다. 그냥 널찍한 뗏목을 타고 얼굴에 모자를 덮고 입에 갈대 물고 팔베개하고 누워서 물결이 순탄한 강을 타고 하류까지 안전하게 도착한 기분이었습니다. 모든 건축가와 집주인의 원願이 이곳에서 풀리듯 했습니다. 집은 주인의 품성대로 지어지는 모양입니다.

이야기라는 공간.

좋은 집은 이야기를 합니다. 이야기는 대단히 매력적인 형식을 가지고 있습니다. 이제 저희 집 아이들이 다 커서 이야기를 해달라고 조르지는 않지만, 몇 년 전만 해도 늘 제게 이야기를 해달라고 졸랐습니다. 저는 "옛날에 옛날에"라며 운을 떼놓습니다. 그리고 나서 무조건 "한 할아버지가" 혹은 "어떤 사람이 있었는데" 해놓고 또 한참 생각하다가 "그런데 그 사람은" 하며 이야기를 두서없이 이어갑니다. 머리에서 이야기를 만드는 것이 아니라 입이 이야기를 만들고, 귀로 이야기를 듣는 것이 아니라 살갗으로 이야기를 듣습니다.

그 이야기는 공간을 만들고 아이들은 그 안으로 들어가고 싶어 합니다. 이야기라는 공간으로 말입니다. 그 공간은 나

무가 자라고, 개울이 흐르고, 도깨비가 나오는 혹은 아주 싱거운 결말의 공간입니다. 같은 배경이 매일 드리워지고 같은 늑대가 매일 죽는 공간입니다. 저는 '강제 사역'에 시달리며, 반복을 거듭해 아이들에게 잠을 잘 수 있는 방을 만들어주었습니다. 그러다 그냥 잠이 들어버립니다. "그 잠이 무척 달지……."

저는 서정주의 시집을 자주 읽습니다. 특히 『질마재 신화』와 『학이 울고 간 날들의 시』라는 시집을 좋아합니다. 그 안에는 옛날이야기로 가득 차 있습니다. 익히 아는 황희 정승 이야기, 단군 이야기 등이 있습니다. 그중 가령 「왕건의 힘」이라는 뜬금없는 시가 있습니다.

고려 태조 왕건이 고려 맨 처음의 왕이 된 가장 큰 힘은 그 포용력이고, 그 포용력 중에서도 제일 큰 포용력은 쬐끔치라도 이용할 모가 있는 사람들한테는 두루 아양을 적당히 피우고 있던 점이다. 천하의 쌍놈인 후백제 왕 견훤이가 할 수 없이 머리 숙이고 그의 앞에 항복해 왔을 때도 '아버님, 아버님, 올라와 앉으십시오' 응석을 부렸고, 그 견훤의 사위 박영규 장군 부부가 그들의 몸을 맡겨 왔을 때에도 '형님, 형님, 형수씨, 형수씨' 어쩌고 고분고분 달보드레한 아양을 매우 잘 떨었다. 이 힘인 것이다. 그의 상전이었던 궁예를 넘어서서, 그의 강적이었던 견훤이를 깔고서, 망국 신라를 기분 좋게 살살 달래, 고려의 왕통을 세워낸 것은…….

시인에 대한 이런저런 평가나 시적인 성과를 떠나 저는 능청맞게 술술 풀어내는 그 이야기 속의 공간으로 들어갑니다. 역사책도 아닌 시집에서 느닷없이 왕건의 이야기를 듣는 기분도 묘합니다만, 그 이야기에 빨려 들어가고 맙니다. 이야기라는 것은 마술과 같습니다. 사람을 무장해제 시켜버리는 힘이 있는 모양입니다.

가끔 생각을 해봅니다. 제가 하는 일이 그런 형식으로 나타난다면 얼마나 좋을까? 제가 힘들여 그리는 도면이라는 것이 공사하는 사람에게 옆에 앉아서 주전부리하며 농 섞어가며 하는 이야기가 될 수 없을까? 설계한 방들이, 마당이, 마루가 사는 사람들을 앉혀놓고 주저리주저리 이야기를 풀어놓으면 어떨까? 그런 생각들 말입니다. 집이라는 것이 그냥 이야기 자체가 될 수는 없을까요?

마
고
할
머
니
와
지리산 호랑이.

우리나라에는 단군 할아버지 훨씬 전에 마고 할머니가 있었답니다. 그분은 지리산 꼭대기 천왕봉에서 아래를 내려다보면서 산다고 합니다. 말하자면 지리산의 가장 웃어른이신 셈이지요. 지리산에 가면 마고 할머니 이야기를 자주 듣습니다. 그 동네에서는 대화 중에 자연스럽게 마고 할머니가 나옵니다. 그러나 그 느낌은 전혀 종교적이지 않습니다.

처음에는 마고 할머니가 뒷산 산신당에 모셔진 색 바랜 초상화의 주인공 정도일 것이라고 생각했습니다. 우리나라 사람들이 신과 함께 붙어사는 것은 어제오늘의 일도 아니고 그리 놀라운 사실도 아니었습니다. 그렇지만 전혀 뜻밖의 인물, 그것도 자신들도 본 적이 없는 신을, 느티나무 아래에 앉아서 부

채 휘휘 날리며 동네 사람들의 인사를 받으면 흐뭇해하는 그런 꼬부랑 할머니 이야기하듯 말꼬리에 슬쩍슬쩍 올리는 것은 아무래도 어리둥절했습니다.

특히 서울이나 그와 비슷한 도시에서 살아온 사람에게는 그것이 단지 그들의 믿음 혹은 그곳 사람들의 독특한 화술이라는 것도 뻔히 알면서도, 소외감이랄지 그들이 은근히 저를 무시하며 슬그머니 따돌리는 것 같다는 느낌이 들었습니다. 남의 집에 들어왔더니 자기네만 아는 이야기로 키득거리는 한가운데에서 홀로 서 있는 듯한 외로움 같은 것도 느껴지더군요.

"너희 집에 이거 있어?" 하고 짓궂게 물어대는 초등학교 시절 잘사는 집 친구 녀석처럼, 붙어살 신 하나 없이 도시를 맴도는 불쌍한 영혼을 노골적으로 놀려댄다는 느낌이 들었습니다.

마고 할머니는 실은 여신입니다. 서양의 여신처럼 치렁치렁한 옷을 입었다든가 늘씬한 몸매를 가지고 있다든가 얼굴이 조각같이 예쁘다는 암시도 없이, 다만 할머니일 뿐인 불쌍한 여신입니다. 우리나라 여자 신 중에서 제일 꼭대기 어른이신 마고 할머니의 이야기에는 두 가지 버전이 있습니다.

하나는 반야라는 남자를 사모해서 그에게 줄 옷을 정성껏 만들어놓고 기다리다가 어느 날 바람에 나부끼는 쇠별꽃을 반야로 착각해서 잡아보려고 뛰어나가 허우적대다가 정신을 차리고 한없이 울었다는 것입니다. 그러고 나서 그 옷을 갈기갈기 찢어버리고 매일 얼굴을 비춰보던 거울 같은 연못도 산을 깨서 메워버리고 그 자리에 앉아 있다고 합니다.

또 하나는 반야와 결혼하고 딸 여덟을 낳고 잘 살다가 깨우침을 얻기 위해 떠난 남편을 그리며 나무껍질로 옷을 만들었다고 합니다. 결국 기다림에 지쳐 옷을 찢고 딸들은 팔도에 무당으로 보내놓고 혼자 천왕봉에 앉아 있다고 합니다.

두 가지 버전 모두 기다리던 반야를 끝내 만나지 못하고 처절하게 자신을 부정해 태연하게 지리산 높은 봉우리 끝에 돌아앉아 있는 것으로 끝납니다. 말하자면 마고 할머니는 실패한 신이었고 한이 많은 신이었다는 겁니다. 그리 즐거운 이야기가 아니었습니다.

지리산 자락에서 마고 할머니를 입에 달고 사는 사람들 또한 할머니에게 특별히 기대어 사는 것도 아니었습니다. 단지 지리산 꼭대기에 마고 할머니가 계시다는 이야기였습니다. "마고 할머니가 살고, 그 아래에 우리가 살고." 신은 신인데, 그 신은 그저 우리가 모시고 살아야 하는 늙으신 노모 같은 신인 모양이었습니다.

특이한 공존입니다. 그들에게 할머니가 앉아 계신다는 갈라진 붓끝 같은 천왕봉 봉우리는 어쩌다 기분 좋을 때나 한 번씩 슬쩍 모습을 보여줍니다. 마을 사람들은 일하다, 걸어가다

가 한 번 슬쩍 넘겨다봅니다.

지리산에는 호랑이도 있답니다. 배 도사는 지리산 청래골에 법당을 차려놓고 점 치고 기도 드리는 사람입니다. 충청도나 전라도도 아닌 말투 위에 경상도 말투를 살짝 얹어 쓰고 있으며, 신비로운 구석이라든지 탈속한 구석은 어디에도 없습니다. 다만 동네에서 말 많은 이장이나 하면 딱일 것 같은 사람입니다.

배 도사가 우리에게 호랑이가 있다고 이야기했습니다. 그러자 거림 계곡 초입에서 밥집을 하며 고로쇠물을 받아 팔기도 하고, 동네 공사도 간간히 해주는 범룡 씨가 반찬 놓아주다 말고 정말이라며 맞장구를 쳤습니다.

"겨울에 간혹 몇 달 기도 드리러 집을 비우고 다른 산에 갈 때가 있는데, 갔다 와보면 눈이 수북하게 쌓인 우리 집 빈 마당에 절굿공이 자국만 한 발자국이 또렷이 남아 있다니까요"라고 했습니다. "그 발자국은 한 치의 흐트러짐 없이 일자로 쪽 나 있었지"라며 "호랑이 아니면 그런 발자국을 남길 동물이 없다"라고 확신했습니다.

저도 본 것 같습니다. 동물원에서 본 호랑이는 모델의 워킹처럼 일자로 걸었습니다. 한술 더 떠 범룡 씨는 어릴 때부터 반달곰이라든지 우리가 본 적 없고 보았다면 호들갑 떨었을 야생동물들을 흔하게 보며 컸노라고 음식 치우다 말고 또한 마디 거들었습니다. 밥 먹다 말고 엉뚱한 소리를 한 꾸러미 듣고 있던 우리는 그들이 다른 자리로 가자, 서로 눈을 찡긋거리며 "거짓말이야!"라고 믿지 않기로 합의했습니다.

그러나 믿지 않기로 한 저는 정작 제가 일하는 공사 현장에 가끔 그 호랑이가 나타나 주지나 않을까 하는 기대로 뒤를 돌아보기도 하고, 조금 깊은 곳으로 들어가보기도 했습니다.

이상한 일이었습니다. 아주 먼 옛날, 이야기 속에서 살고 있던 호랑이가 제 안에서 어슬렁어슬렁 올라오고 있었습니다. 지리산을 껑충껑충 뛰어다니며 호랑이처럼 울고 싶어졌습니다.

서울에 올라와 제가 아는 사람 중에 가장 박식한 이에게 다가가 슬그머니 호랑이 이야기를 꺼내 보았습니다. 그런데 그는 정말 있다고 직접 보기라고 한 것처럼 확신하더군요.

"호랑이는 백두산에서 지리산까지 우리나라 등줄기를 늘 왔다갔다한다"며, "호랑이는 많이 먹어야 되기 때문에 한군데에만 있을 수 없어"라고 아주 '과학적'인 토까지 달아주었습니다.

호랑이는 보이지 않지만 있습니다. 그 이야기가 겨드랑이를 살금살금 간질여주었습니다. 저는 기분이 좋아져서 혼자서 한참을 빙글거렸습니다.

지리산에는 호랑이가 있습니다. 깊고 깊은 지리산 어딘가에 담배 피우지는 않지만 벌러덩 누워서 살고 있습니다. 깊은

바람 몰아치는 거림골이나 빗점골, 또는 느려터진 덕천강가 낮은 언덕에 누워서 살고 있습니다. 사람들에게 모습을 보여주지 않고 '호랑이스럽게' 잘게 굴지 않고 고고하게…….

그래서 그저 하늘만 믿고 땅에 붙어사는 사람들이 답답한 일이 있을 때면 떼 지어 지리산 깊이깊이 들어가 호랑이가 시원하게 울어 젖히는 소리를 듣고 다시 힘을 받고 내려오고 그러나 봅니다.

비너스 모텔.

불과 20여 년 전까지 경남 산청 가는 길은
경부고속도로로 달리다가 추풍령고개 넘어 김천으로 빠져나
와 함양을 거쳐 들어가는, 5시간 30분이 걸리는 길고 긴 길이
었습니다. 그러나 김천에서부터 펼쳐지는 경치가 혼자 보기 너
무 아까워 간혹 당시 같이 일하던 함성호 소장을 꼬드겨 동행
을 했습니다.

한번은 저녁 무렵이 되어서야 현장에 도착해서 현장을
지휘하는 시공사 사장과 몇 가지 진행에 관해 상의하고, 범룡
씨네 집에서 밥을 먹었습니다. 숙소는 단성면에서 시천면으로
들어가다 보면 길이 꺾어질 때 우뚝 솟아 있는 알프스풍의, 지
나갈 때마다 "참 생뚱맞네" 했던 모텔로 정했습니다. 이름도

어울리게 무척 생뚱맞은 '비너스 모텔'이었습니다.

둘이서 맥주를 마시고 잠을 잤는데 피곤해서였는지 저는 잠꼬대로 밤새 떠들었고, 침대 밑에서 잠을 자던 함성호 소장은 밤새 꿈을 꾸었답니다. 꿈에서 함성호 소장이 비너스 모텔 아래로 흘러가는 덕천강에 발을 담그고 서 있었는데, 저쪽에서 어떤 사람이 길길이 날뛰며 "우리가 구경거리냐!" 하면서 따지며 달려왔답니다.

그 이야기를 해주고서 함성호 소장은 창을 열고 발코니로 나갔습니다. 500원짜리 동전을 덕천강으로 던지며, 지리산을 떠나지 못하는 원혼들을 향해 "부디 극락왕생하십시오"라고 빌었습니다.

청
래
골

푸른 이끼 집.

"지리산은 올라가는 산이 아니고 들어가는 산이야." 이런저런 이야기 끝에 산이라면 모르는 게 없는 친구가 이런 이야기를 했습니다. 산이 포근해서 사람이 안기는 기분이 들게 한다는 이야기인지, 산이 너무 깊어서 한 번 들어가면 나올 수 없다는 이야기인지 알 수 없었습니다. 사람들이 즐겨 쓰는 역설적인 수사 같기도 하고, 밑도 끝도 없는 잠언 같기도 해서 이야기가 길어지기 전에 슬그머니 뒷걸음쳐서 빠져나왔던 적이 있습니다.

저는 지나다니다가 들렀던 몇 군데의 산 말고는 따로 작심하고 오른 산은 없었습니다. 당연히 지리산 역시 한 번도 오른 적이 없었고 들어가본 적은 더욱 없었습니다. 다만 오래전

구례로 화엄사 구경을 갔다가 먼발치에서 지리산의 뒤꿈치를 본 적이 있을 뿐입니다.

그때 받은 느낌은 지리산이란 설악산이나 북한산 같이 뾰족한 맛이 없다는 것이었습니다. 그렇다고 산 정상에 하얀 눈을 이고 있어서 신비한 맛이 있는 것도 아니었습니다. 높다고는 하지만 그저 밋밋할 뿐, 쉽게 말해 강렬한 그 무엇이 없는 산 덩어리로 보였을 뿐입니다. 혹자는 산이 지루해서 지리산이라고 하기도 한다는데, 그 말이 적이 수긍이 갔습니다.

어느 날 경남 진주에 사는 어떤 사람이 지리산 어딘가에 땅을 좀 사놓았는데 집을 짓고 싶으니 한 번 와서 좀 봐달라고 전화를 걸어왔습니다. 땅을 봐주고 자문하는 일은 늘 있는 일이고 그런 일이 가까운 데서 벌어진다면야 버스 타고서 잠시 다녀올 수도 있겠지만, '진주라 천리길'을 간다는 것이 그렇게 녹록지 않은 일이라 몇 년을 "가보겠습니다" 하며 보냈습니다. 그러다가 더는 거부할 수 없는 어느 시점에 이르러 그 '천리길'을 달려 진주로 갔습니다.

산청 조금 지나 원지 삼거리라는 낯선 동네에서 그들을 만났습니다. 그날은 날씨가 화창한 겨울의 한가운데였습니다. 모두 같이 지리산으로 들어갔습니다. 저를 안내하던 사람은 지리산으로 들어가는 세 군데의 길 중 단성 쪽으로 들어가는 이 길이 지리산 정상, 해발 1,915미터 천왕봉으로 가는 최단 거리라고 알려주었습니다. 그러면서 그는 묻지도 않은 제게 지리산에 대해 많은 이야기를 해주었습니다.

우리는 덕천강을 끼고 길이 급하게 꺾어질 때도 멀리 보이는 지리산 천왕봉을 놓치지 않고 찾아 들어갔습니다. 주변에는 드문드문 집들이 나오기도 했지만 한적했으며, 산들은 그저 뭉툭뭉툭한 것이 호랑이나 사자처럼 덩치 큰 동물들이 앞발을 턱 걸치고 앉아 있는 것 같았습니다.

차에서 튕겨나가지 않기 위해 손잡이를 꼭 쥐고 비포장 자갈길을 달려 마침내 도착한 곳은 청래골이라는 지리산 무릎께에 있는 골짜기였습니다. 사는 사람은 없고 기도하고 굿하는 사람들만 가끔씩 들어오는 적막한 곳이라고 했습니다. 그곳의 공기는 원시의 숲과 같이 적막하고 투명했습니다.

그곳에 진주에 사는 여덟 사람이 뜻을 모아 주말에 와서 쉴 집을 짓겠다고 했습니다. 그들은 모두 같은 대학 동문들이고 지금은 같은 학교에서 학생들을 가르치고 있었습니다. 그들이 사는 진주는 큰 도시는 아니었지만 점점 경계를 넓히며 몸집을 키우고 있는 중이었습니다. 그래서 서울이나 부산처럼 큰 도시가 어쩔 수 없이 끌어안고 살게 되는 나쁜 점들을 하나씩 하나씩 닮아가고 있었습니다.

대부분의 진주 사람들은 조금 불편해하면서도 도시인으로서 혹은 문명인으로서 그 정도의 불편쯤은 단순한 통과의례 정도로 생각하는 듯이 보였습니다. 그들은 주말이 되면 가족들을 태우고 근교로 나가지만 그것은 도시가 싫어 탈출을 하는

것이 아니라, 그 시간을 통해 자신들이 그간 얼마나 꽉 짜인 도시 생활을 훌륭히 수행하고 있었는지를 확인하기 위한 몸짓 같았습니다.

그들이 지리산에 주말 주택을 짓겠다는 것도 사실 도시가 싫어서가 아니라 도시인으로서 일종의 소장품으로 '집 한 채'를 가져야겠다는 의식 때문이 아닌가 하고 생각했습니다. 그들이 사는 진주와 지리산은 차로 기껏해야 30~40분 정도의 거리에 있습니다. 그들도 지리산으로 들어간다는 말을 했습니다.

지리산에는 오래전 들어가 아직까지 나오지 않는 사람들이 있습니다. 더러는 신라시대 최치원처럼 신선이 되기도 하고, 더러는 동학 접주 김개남이나 남부군 사령관 이현상처럼 깊은 산속의 호랑이가 되기도 했다고 합니다. 그러나 그때 지리산으로 들어가겠다는 그 사람들에게 그런 절절한 사연이 있는 것 같지는 않았습니다. 다만 '청정한' 지리산으로 들어가겠다는 것이었습니다.

저는 지리산으로 들어가 나오지 않았던 사람들이 생각났습니다. 특히 인조털 반코트를 입고 눈보라 치는 산마루에 서서 첩첩 연봉을 바라보았다는 이현상의 쓸쓸한 모습이 떠올랐습니다. 세상이 어지러울 때 사람들은 지리산으로 모여든다고 했습니다. 삭풍 속에서 이현상은 무엇을 보고 있었을까요?

저는 집을 짓기 위해 지리산에 일주일에 한 번꼴로 가게 되었습니다. 특별히 공부를 하자고 들여다보지는 않았지만, 관심을 갖게 되니 주변에 흘러다니는 많은 이야기가 하나씩 머릿속으로 들어와서 쌓이기 시작했습니다.

지리산은 참 장하고 장한 산이었습니다. 더욱 장한 것은 그 높고 깊은 산이 어쩌면 저렇게도 만만해 보일까 하는 점에서였습니다. 어떤 때는 문득 코끝이 찡해지면서 감동이 밀려오기도 했습니다. 특히 단성 나들목을 나와서 천연덕스럽게 흐르고 있는 덕천강을 끼고 청래골로 들어갈 때 언뜻언뜻 보이는 천왕봉의 뾰족함과 그 천연天然은 저를 한없이 끌어당겼습니다. 뭉툭하고 평범하던 지리산은 시간이 흐를수록 점점 커지고 있었고, 그 큰 산에 집을 얹는다는 것이 부담스러워지기 시작했습니다.

"어쩐다?"

원시림 같이 한적하고 적막한, 정관사를 붙여 불러야 합당할 것 같은 '지리산 천왕봉'을 올라가는 길목에 그런 번잡함을 안겨주어야 하는 저는 난처했습니다. 한 번 길이 나면 그 이후 불어닥칠 사람들의 악다구니를 뻔히 알면서도 그 일을 해야 한다는 것은 참 괴로운 일이었습니다. 자칫하면 건축주도, 땅도, 심지어는 저 자신까지도 모두 만족하지 못하는 어정쩡한 결과가 나오지 않을까 하는 불안에 집이 잘 그려지지 않았습니다. 집이 있으나 산을 가리지도 않고 땅을 짓누르지도 않는, 말하자면 투명하고 가벼운 집을 지을 수는 없을까요?

지리산 초입 덕산 읍내에 산천재라는 오래된 집이 한 채 있습니다. 남명 조식이라는 큰 학자가 말년을 보낸 집인데, 주인의 기상이나 그릇은 천왕봉에 비견될 만했지만 집은 작고 낮았습니다. 덕천강과 지리산 사이에 자리를 잡고, 높이를 낮추고 당당하게 앉아 있는 품이 마음에도 없는 겸손을 떤다거나 비굴하게 고개를 숙이고 있는 것이 아니라, 편안히 들어가 천왕봉과 서로 그윽하게 쳐다보며 교류하는 모습이었습니다.

그 집은 건축물이 아니라 덕천강가에 뿌리내리고 오랜 시간 앉아 있는 지리산의 바윗돌 같았습니다. 이런 모습이야말로 완성된 건축의 모습이 아닐까요? 저는 지리산에 가는 횟수만큼 산천재를 드나들며 그런 생각을 했습니다.

청래골 땅은 만만하지 않았으며 그 산으로 들어가는 것 역시 만만한 일이 아니었습니다. 지리산을 바라보되 너무 으스대지 않으며, 지리산에 기대되 너무 비굴하지 않은 그런 자세를 취한다는 것은 건축으로만 해결되는 문제는 분명 아니었습니다.

서로 다른 곳을 바라보고 있는 여덟 사람에게 모두 동등한 편안함을 제공해야 하는 일과 빠듯한 공사비로 지어야 하는 일도 어려웠습니다. 하지만 그보다도 정면에 보이는 삼신봉과 그 옆의 연봉들이 너무 바짝 얼굴을 들이대고 있어서 그 얼굴을 피하지 않으면서 집을 편안하게 앉히는 것, 그렇게 되도록 집의 자세를 합의하는 일이 가장 어려운 문제였습니다.

그들은 계속 산을 조금이라도 더 집에 담고자 했고, 저는 그 양을 조금 줄이자고 했습니다. 창문의 크기를 줄이고, 집 앞으로 나무로 차양을 달아 풍경을 한 번 걸러서 보자고 했습니다. 또 집의 높이를 조금 낮추자고도 했습니다.

산속에서 소란은 계속되었습니다. 여러 명의 집주인은 차례로 와서 집을 들여다보면서 음식이 익어가기만 기다리는 허기진 사람들처럼 목을 빼고 있었고, 저는 앞에서 눈을 부릅뜨고 서 있는 봉우리들과 매일 건물이 익어주기만 기다리는 건축주 사이에서 모두에게 흡족한 집이 되도록 애를 쓰고 있었습니다.

일을 시작한 지는 2년이 지났고 공사를 시작한 지 반년이 흘렀습니다. 핏물이 뚝뚝 듣는 것 같은 지리산의 단풍을 다 보내고 쇠망치로 내리치는 것 같이 아픈 지리산의 겨울 추위도 다 보내고 자꾸 얼어 터지는 베란다 방수 공사를 끝냈습니다. 그러고 나서 바깥에 깔아놓은 마루에 나무를 썩지 않게 하는 기름칠을 끝으로 집이 마무리되었습니다.

집을 앞뒤에서 그리고 멀리 청학동으로 넘어가는 고개까지 가서 보면서 확인해보았습니다. 시험을 마치고 답안을 맞춰보듯이. 아주 흡족하지는 않았지만 산속에서 고래고래 소리를 지르지는 않아서 그나마 다행이라고 적당히 자위했습니다.

그리고 첫날 밤 저는 바닥을 따끈하게 데워놓고 왼쪽 아래채 거실에서 잠을 잤습니다. 칠흑 같은 어둠 속에서 깊은 잠을 잤습니다. 얼마나 잤는지 어스름이 몰려오는 새벽에 눈을 떴습니다.

© 김재경

크기를 줄이지 못한 채 커다랗게 남겨놓은 창으로 창보다 훨씬 커다란 삼신봉이 무릎을 당겨 바짝 들여다보고 있었습니다. 분명 그 눈길은 지리산이 산천재를 바라보듯 '서로를 쳐다보는 그윽한 눈길'은 아니었습니다. 저는 새벽을 밟으며 밖으로 나가 지리산 첩첩 연봉을 바라보았습니다. 그리고 '집을 다 지어 이제 지리산으로 들어가려고 합니다' 하고 인사를 올렸습니다.

제3장

보이지 않지만
존재하는 것들

사
과.

　　한동안 사과를 그렸던 적이 있습니다. 수채
화를 배우겠다며 탁자 위에 사과를 올려놓고 그려보았습니다.
잘 익은 홍옥 네 개가 접시에 담겨 있었습니다. 밑그림을 그리
고 빨간색 물감을 풀어 색칠을 했습니다. 그러나 빨간색이 칠
해진 사과는 탁자 위에 있는 사과가 아니었습니다. 불에 푹 익
은 사과가 스케치북 속에 있었습니다.

　　탁자 위의 사과를 들여다보았습니다. 사과 안에는 많은
색이 숨어 있더군요. 초록색도 있었고 파란색도 있었고 보라색
도 있었습니다. 생생한 사과를 그리기 위해서 그 안에 있는 많
은 색을 안에 집어넣었습니다. 그러나 사과는 쉽게 재현되지
않았습니다. 사과 안에는 너무나 많은 색이 있었습니다.

부탁받은 집을 설계하기 위해 충북 충주시 산척면 상산 마을로 땅을 보러 갔습니다. 충주에서 제천으로 가는 국도에서 빠져 들어가면 산으로 둘러싸인 마을이 나옵니다. 한가한 시골 마을입니다.

그때가 8월 중순쯤이었고 한낮을 조금 비낀 시간이기는 했지만, 드문드문 초록을 비껴난 집들과 교회 창고들이 있었고 사람들은 보이지 않았습니다. 블록 담 혹은 토담 안쪽 마루는 텅 비어 있었고, 있으나마나 한 대문들만 문틀 한쪽에 덩그러니 매달려 있었습니다.

동네를 어정거렸습니다. 극장에 들어가면 한참을 보내야 어둠에 눈이 익어 주위가 보이기 시작하는 것처럼, 동네가 조금씩 눈에 들어오기 시작했습니다. 사람은 없었지만 모든 것이 바삐 움직이고 있었습니다.

물을 머금고 쑥쑥 자라고 있는 벼들, 담 옆에서 누워 심드렁하게 바깥을 보고 있는 개들, 발에 스치는 건강한 풀들, 집 안에서 집 밖에서 분주한 벌레들이 보이기 시작했습니다. 모두 분주했지만 나는 보지 못했던 것입니다. 상산마을은 보이지는 않았지만 존재하고 있었습니다. 집 지을 자리 남쪽으로 사과밭이 있었습니다.

지
리
산
바윗돌。

지리산 천왕봉으로 올라가는 길은 여러 갈래
가 있습니다. 그중 단성면에서 시천면으로 들어가면 거림을 거
쳐 올라가는 길이 있습니다. 지리산의 피 냄새가 이제는 가시
고 철마다 등산객들이 올라가는 그 길가에 청래골이라는 마을
이 있습니다. 그곳 사람들의 말로는 6·25전쟁 때 빨치산이 그
곳에서 최후를 맞이했다고 하더군요.

청학동으로 뚫리는 시원한 포장도로를 따라 올라가다가
방향을 틀어 들어서는 진입로에는 교회 수양관이 우악스럽게
쌓아올린 석축 위에 얹혀 있고, 무쇠솥을 마당에 걸어놓은 굿
당이 몇 군데 자리 잡고 있습니다. 길 위에 불끈거리며 솟아 있
는 바위들을 피해 한참을 들어가야 도착할 수 있습니다.

그곳에 집을 짓고 있을 때였습니다. 지리산은 백두산이 흘러내려온 산이라 하여 두류산이라고도 합니다. 그 흐름의 언저리에 땅을 잡고 집을 짓고 있었습니다. 그 땅은 전에 살던 주민들이 농사를 지었던 모양인지 계단식으로 정리되어 있었습니다.

땅 한가운데에는 커다란 돌이 하나 있었습니다. 장정 네 명이 족히 올라가 서 있어도 될 정도로 널찍한 돌이었고, 아래서 올려다보면 잘생긴 사람의 오뚝한 콧날 같았습니다. 크기도 컸고 워낙 완강하게 자리 잡고 앉아 있어서 집을 앉힐 때 이리저리 거치적거렸지만 빼낼 엄두가 나지 않았습니다. 간신히 피해서 집 앉힐 자리를 잡아놓았습니다.

드디어 공사가 시작되었습니다. 통돼지를 앞에 놓고 지리산 신령에게 '이러저러해서 저희가 집을 짓게 되었습니다' 하는 고유제告由祭를 지냈습니다. 사람이 한 40~50명 모였고 떡이며 고기며 모두 맛있게 먹었습니다. 길이 험해 평소에 사람들이 잘 올라오지 않던 맑은 계곡이 있고, 나무며 풀이며 무성하게 자라 있는 원시림과 같은 깊은 산속이 그날 오후 시끄러웠습니다.

땅을 정리하는 데 한 달은 족히 걸렸습니다. 사람이 땅을 대하는 것을 보면 무작스럽기 그지없습니다. 가파른 산길로 커다란 굴삭기가 거침없이 치고 들어가 빙빙 돌며 흙을 퍼내고 돌을 뽑아 이리저리 메다꽂고……. 그곳은 아수라장으로 변하

기 시작했습니다.

한 달 정도 후 제가 그 땅에 다시 가보았을 때 바위는 없어졌습니다. 저는 잘했다 못했다 이야기도 못하고 없어진 그 자리를 한 번 물끄러미 쳐다보았습니다. 그리고 현장 소장에게 그 바위에 대해 물어보지도 않았습니다. 사실 슬그머니 그 자리를 피했던 거지요. 공사는 '순조롭게' 진행되었습니다. 바닥 콘크리트를 치고 기초를 만들고 그 위에 벽을 올리고 2층 바닥을 올렸습니다.

어느 날 2층 발코니에서 작업을 하던 목수가 떨어져 다리가 부러지는 부상을 입었습니다. 그 일이 있은 지 2주 후 상량식 전날에도, 행사 전에 골조 마무리를 한다고 일을 서두르던 현장 소장이 얼마 전 사고가 났던 그 자리에서 떨어져 머리를 다치는 사고가 발생했습니다.

연속된 사고에 사람들은 불안해하고 술렁거리기 시작했습니다. 사람들이 그럴 때 할 수 있는 일은 뻔합니다. 생각 끝에 무당을 불렀습니다. 그리고 그 무당과 집주인만 참석하기로 하고 굿을 했습니다. 컴컴한 밤에 별이 쏟아질 듯 고여 있었다고 하더군요.

무당은 이 산에 사는 신령이 화가 잔뜩 났다고 했답니다. 이 땅에 처음 와보았다는 부산 무당은 신기하게도 돌이 있던 자리로 가더니 여기 있던 돌 어떻게 했냐고 물어보더랍니다. 무당은 주인들에게 잘못을 빌라고 하고 한참 푸닥거리를 한 뒤화는 어느 정도 풀렸으니 앞으로 조심하라고 하더랍니다.

저는 그런 굿이니 점이니 하는 것에 대해서는 판단을 유
보하고 있습니다. 그런 것은 미신이라고 배운 교육의 효과입니
다. 그러나 확실한 것은 우리에게 보이고 느껴지는 것들 외에
도 우리가 그냥 지나치는 무수한 영혼이 우리와 같이 살고 있
다는 것입니다. 그리고 우리는 보이지 않는 것은, 알지 못하는
것은 있지 않다고 억지를 부리고 있다는 것입니다. 우리는 땅
에 얹혀살고 있으면서도 땅의 아픔에 대해 너무 무관심했고,
우리를 둘러싸고 있는 나무나 돌이나 풀에게 너무 무관심했습
니다.

보이지는 않지만 우리보다도 훨씬 전부터 그 땅은 있었
을 것이고 우리는 그 땅에 얹혀살고 있습니다. 무심히 돌을 발
로 차고, 집을 짓는다고, 작업에 방해가 된다고 쉽게 뽑고 내던
지고 했던 것입니다. 큰 바윗돌이었고 영험한 산이었으니 화라
도 한 번 냈지, 야산의 힘없고 작은 돌이었다면 어땠겠습니까?
소리 한 번 못 지르고 조용히 자기 집을 내주었겠지요.

빛.

오래전 어느 새벽 동트기도 전에, 부석사 무량수전 앞 안양루의 난간에 기대어 무량수전을 바라보고 있었습니다. 새벽 예불은 방금 끝났습니다. 사위는 적막하고 어슴푸레한 형체만이 둔하게 어른거렸습니다. 어둑어둑하던 색이 푸르스름한 색이 되고 금세 붉은 기운을 조금씩 타기 시작하더군요.

오래된 석등이 나타나고 무량수전의 부분부분이 보이기 시작하고, 얼마 지나지 않아 무량수전과 석등, 뒤에 있는 산까지 한 묶음이 되어 완성된 형태로 저에게 모습을 보여주었습니다. 빛이 비치기 시작하며 무량수전은 저에게 비로소 인식된 것입니다. 무량수전을 앞에 두고도 1시간가량 기다렸던 것입

니다.

　빛은 인식의 방편입니다. 그 '무언가'는 빛을 받아 자신을 드러냅니다. 빛을 받지 않아도 그 '무언가'는 있습니다. 단지 우리가 인식하지 못할 뿐이지요. 그들이 있다는 것을 알기 위해서 빛이 필요합니다. 존재 위에 비추는 빛, 마음에 비치는 빛. 우리 주변에는 우리가 모르는 많은 '무언가'가 있습니다. 그러나 우리는 눈에 익기 전에는, 귀가 트이기 전에는, 마음이 열리기 전에는 알지 못하고 그냥 지나칩니다.

　한 40여 년 전 무위도식하던 때가 있었습니다. 할 일도 없었고 아무도 저를 불러주는 이가 없었습니다. 하루 종일 빈둥거리며 방 안에서만 뱅뱅 돌고 있었습니다. 그때 제가 살던 곳은 소위 '집 장사'가 지은 집이었는데, 벽돌 한 켜로 쌓아올린 두께 10센티미터짜리 '날씬한 벽'을 가진 방이었습니다. 그 벽은 여름에는 바깥의 열을, 겨울에는 냉기를 그대로 전해주었습니다.

　더군다나 창이라고 하나 있는 것이 서쪽에 덩그러니 매달려 있어 여름 오후에는 죽을 맛이었습니다. 바깥에도 안 나가고 '자폐감'을 즐기려는 저에게 여름 오후의 햇빛은 바깥으로 나가라는, 나가서 정상적인 생활을 하라는 강압적인 명령이었습니다. 저 자신도 잊고 있던 '존재감'을 햇빛은 굳이 들추어 비춰주었지요. 햇빛은 저를 비추며 귀찮게 저에게 존재를 강요했습니다.

빛은 존재의 형식입니다. 빛은 우리에게 존재를 강요합니다. 낮잠을 자지 말라고 비춥니다. 살아 있으라고 비춥니다. 물리적인 빛만이 아닙니다. 정신의 빛, 우리가 눈길을 주고 관심을 가지고 주위를 둘러보는 행동까지 포함됩니다. 빛을 받으면 주변의 모든 것은 일어섭니다.

숭
림
사。

급히 눈을 들어보니, 물 밑 홍운紅雲을 헤앗고 큰
실오리 같은 줄이 붉기 더욱 기이奇異하며,……밤 같던 기운이 해
되어 차차 커가며, 큰 쟁반만 하여 불긋불긋 번듯번듯 뛰놀며, 적
색赤色이 온 바다에 끼치며, 몬저 붉은 기운이 차차 가새며, 해 흔
들며 뛰놀기 더욱 자로 하며,……만고천하萬古天下에 그런 장관
은 대두對頭할 데 없을 듯하더라.

조선 순조 때 연안 김씨가 함흥 판관으로 부임하는 남편
이희찬을 따라 명승고적을 다니며 썼다는 『의유당 관북유람일
기』에 수록된 「동명일기」 중에서 함흥 귀경대龜景臺에서 본 일
출 광경을 묘사한 대목입니다. 고등학교 국어 교과서에 실렸던

이 글은 제게는 하나의 그림이 되어 남아 있는 좋은 글입니다.

물 밑에서 이글거리며 서서히 떠오르던 해가, 길게 끌던 붉은 제 그림자를 떼어내며 고무공처럼 튀어오른다는 동해 일출 모습은 상상만으로도 좋았습니다. 국어 선생님은 튀어오를 때 경쾌한 소리도 난다고 하셨습니다.

그러나 낙산에서도, 거진에서도, 망상에서도 그런 모습은, 그런 소리는 볼 수도 들을 수도 없었습니다. 해 뜰 때만 되면 수평선 바로 위로 붉은 구름이 한 줄 길게 깔리고, 해는 바다 위에서 바로 뜨는 것이 아니라 구름을 거쳐 미적거리며 싱겁게 올라왔습니다. 제가 기대하는 그런 일출은 삼대가 덕을 쌓아야 본다는 이야기를 들었습니다. 모래사장에 앉아 있다 눅눅해진 바지를 툭툭 털며 일어서기만 거듭했습니다.

1996년 늦가을 새벽 6시 감포 바닷가 언덕. 해를 기다리고 있었습니다. 붉은 구름 띠가 깔린 바다 위로 해는 스멀거리며 밀려 올라오고 있었습니다. 주황색으로 물든 마을에서는 젊은이들이 가방을 메고 씩씩하게 출근을 하고 있었습니다. 강아지는 공연히 바쁘고, 동네 아이들은 이견대 앞에 있는 초등학교로 향하고 있었습니다. 모닥불에 손을 쬐던 해녀들은 느긋하게 물로 들어갈 채비를 하고 있었고, 동네 아저씨들도 일을 시작할 태세였습니다.

그 위로 해가 어느새 높이 떠 있었습니다. 동네를 깨워주고 물질하는 해녀들의 추위를 막아주는 해가 되어⋯⋯. 저는

올라와 빛이 되고 무언가를 환하게 비춰주는 일출의 장엄을 보았습니다.

> 석가는 끝없는 번뇌와 변신 끝에 어디나 두루 비치는 햇빛(비로자나毘盧遮那)이 되었고 결국은 태양이 되었으며, 그가 한 말도 태양이 되었다.

전북 익산에 가면 숭림사라는 절이 있습니다. 찾아갈 때마다 느끼는 것인데, 절에는 마음에 돋아난 가시 같은 것들을 잘라주고 가슴을 열게 해주는 그 무엇인가가 있습니다. 그런 이야기를 하면, 어떤 이는 그것은 절이 갖는 입지적 특성에서 생기는 자연에 의한 정화 작용이라고 했습니다. 꼭 그런 것은 아니지만 틀린 이야기도 아니라 그냥 머리만 주억거렸습니다.

숭림사는 그리 크지도 않고, 전라북도 유형문화재 제38호라는 보광전을 빼놓고는 이렇다 할 볼거리도 없어 그저 그런 절입니다. 그 덕분에 사람이 많이 찾지 않아 한적한 절로 남아있습니다. 그렇지만 숭림사는 '보석처럼 빛납니다'.

한 500미터를 걸어 들어가는 진입로는 벚나무 그늘과 산그늘로 이어지고, 한참 만에 나타나는 숭림사는 양지에 햇빛을 가득 받으며 수수하게 앉아 있습니다. 물이 적은 개울 위에 놓인 다리를 건너 우화루를 만나고, 우화루를 돌아들며 보광전·영원전·정혜원이 손바닥만 한 마당을 둘러싸고 모여 있습니다.

비로자나불을 모신 보광전은 17세기 초에 지어진 평범한 법당이지만, 내부는 화려하고 좁은 마당에 들어 올려져 앉아 있는 품이 적당히 근엄합니다. 신의 세상입니다. 오른쪽에 머리를 조아리고 서 있는 죽은 자의 세상 영원전과 왼쪽에 살아 있는 자의 세상 정혜원이 있습니다. 세 개의 다른 차원이 마당을 매개로 공존하고 있습니다.

우화루를 포함해 네 개의 건물은 높낮이에 차이를 주고 방향을 조금씩 틀어 서로의 세상에 차별을 주었고, 사다리꼴 마당은 벌어진 틈으로 숨을 쉽니다. 그리고 스님들이 거처하는 요사채인 정혜원의 정갈한 안뜰은 편안합니다.

허세도 없고 필요 이상의 과장도 없습니다. 그러나 사람은 없고 휑한 마당에 쓸쓸한 '보물'들만 정갈하게 모셔져 있거나, 카메라를 들고 왔다갔다하는 관광객으로 그득한 국보급 절보다도 좋습니다.

주체와 대상 간의 교감이 이루어지지 않는 볼거리는 보는 사람을 놀라게 하고 압도는 하지만 공허합니다. 그 어떤 교리도, 형태의 완벽성도, 아름다운 비례도 사람이 담기지 못하고 사람과의 편안한 교감이 이루어지지 않는다면, 종잇조각이나 박제된 유물에 지나지 않을 것입니다. 건축, 특히 '한국 전통 건축'은 건물과 자연, 자연과 사람, 사람과 건물 간의 교감을 통해 생명을 얻습니다. 그것은 건축의 이상일 것입니다.

오래전 제가 처음 찾았을 때의 숭림사 마당에는 국보도

관광객도 없었지만 따뜻한 겨울 햇볕, 사람들의 두런거림, '절간' 같지 않은 건강한 웃음소리로 채워져 있었습니다. 정혜원 툇마루를 통해 마당으로 나온 사람들의 웃음소리는 장엄함이나 엄숙함과는 거리가 멀었습니다. 얼굴은 보지 못했지만 동네 사람들이거나 신도들이 이웃집 마실 나오듯이 절에 모여 그렇게 구김을 푸는 모양이었습니다.

정혜원 툇마루에 한참 앉아 있었습니다. 절은 산에 안기고, 사람들은 절에 안겨 있었습니다. 보광전의 비로자나불노, 영원전의 지장보살도, 정혜원에 모인 사람들도 모두 흐뭇해하고 있었습니다. 숭림사에는 서로를 환하게 비춰주는 건강하고 즐거운 교류가 있었습니다.

손
때
가 묻
은

오래된 것들.

장롱 구석에 처박혀 있는 '시대셔츠' 종이
곽. 그 속에 젊은 시절 아버지가 갱지에 볼펜으로 어눌하게 써
갈겨 담아두었던 이런저런 서류들, 전선이 다 해진 제너럴일렉
트릭 다리미, 쓸데없고 둘 데도 없이 무겁기만 한 화강석 다듬
잇돌……. 굳이 골동품까지 가지는 못해도 이 사람 저 사람의
손때가 묻어 있고, 만지면 기억이 줄줄 엮어 나오는 것들이 좋
습니다.

오래된 집들도 좋아합니다. 꼭 몇백 년 된 그런 거창한 집
들뿐만 아니라 동네에 널려 있는 20~30년 된 '집 장사' 집들,
혹은 조금 더 된 용산과 필동에 있는 적산가옥들, 그런 집들을
보거나 만져볼 때의 아련한 기분은 참 좋습니다.

오래전 돈암동에서 아는 사람의 이삿짐을 날라줄 때 본 적산가옥은 특히 인상적이었습니다. 그 집은 낡은 목조 2층집이었는데, 마루며 계단 난간이 오랫동안 걸레질로 반들반들했고 긴 복도는 그 집 식구들의 그림과 글로 가득 채워져 있었습니다. 그 집은 걸레질하는 주인과 함께 곱게 늙어 있었습니다.

건물이란 생물처럼 시간이 지나면서 자라고 늙는 것이라는 생각이 들었습니다. 저의 전통 건축에 대한 애착은 이런 퇴행적 감상의 차원에서 시작되었습니다. 예산으로 해남으로 공주로 함양으로 이곳저곳을 기웃거렸습니다.

건축을 업으로 삼은 지 꽤 되었습니다. 마음으로는 우리의 것을 구하기는 하지만, 손은 배운 대로 바다 건너의 집들을 그립니다. 별다른 문제는 없었습니다. 무엇이건 상관이 없었습니다. 갓 쓰고 구두를 신든, 양복 입고 장죽을 빨건.

제가 만드는 집들도 시간이 지나고 손때가 묻으면 '옛집'이 될 테고, 생물처럼 자라 기억들을 불러 세우는 그런 집이 될 거라고 생각했습니다. 단순하게, 아주 단순하게 생각했습니다. 그러나 때로는 당연한 듯 입고 있는 그 '옷'이 불편합니다. 걸음을 옮길 때마다 몸을 뒤척일 때마다.

속
도.

살아 있는 것은 일정한 속도를 가지고 움직
입니다. 속도를 느낍니다. 변하지 않는 것은 없습니다. 돌로 만
든 조각조차도 시간이 지나면 변합니다. 천천히 움직이지만 거
부할 수 없습니다. 변화를 거부할 수 없습니다. 필연적인 일입
니다. 변화는 번거롭지만 결국 우리는 그 변화의 물결을 탑니
다. 속도란 자신이 길들여진 자신의 환경입니다. 도시의 속도,
시골의 속도, 개개인의 속도. 일종의 고착된 개별적 특성이 되
는 것입니다.

태어나서 줄곧 서울에서 살았습니다. 을지로3가에서 태
어나 아현동으로 후암동으로 옮겨다니며 서울을 떠나본 적이
없습니다. 그러니까 20세기 후반에 서울이 변해가는 모습을

지켜본 것입니다. 제가 태어나서 초등학교 2학년 때까지 살았던 을지로는 지금은 낮에만 사람이 사는 이상한 동네로 변해 버렸지만, 그 당시만 해도 제법 집이 많았고 사람 사는 동네였습니다.

저는 을지로1가에 있는 초등학교를 다녔는데, 을지로통을 거슬러 걸어다닐 때의 도시 풍경이 지금도 눈앞에 선합니다. 예전에 외환은행 본점(현재 하나은행 본점)이 있던 곳은 그 당시에는 내무부 건물이었고(원래는 동양척식주식회사 건물이었습니다), 그 건물은 저에게 기차 같았다는 기억으로 남아 있습니다. 광교에 조흥은행 본점이 그때 막 완공되어 신기한 에스컬레이터를 구경하러 몇 번 갔던 기억이 납니다.

거리에는 우마차가 짐을 싣고 천천히 움직였고, 길 한가운데에 전차가 딸랑거리며 다녔습니다. 자동차에 대한 기억은 별로 없는데, 나무 핸들이 달린 버스를 3원 주고 탔던 것, 어쩌다 할아버지뻘 되는 먼 친척집에 가서 지프차를 얻어 탔던 것이 떠오르긴 합니다.

거리는 한가했고 길거리에 가끔 마차를 끌고 가는 소나 조랑말이 배설물을 한 무더기씩 뚝뚝 떨어뜨리기도 했습니다. 그 당시 저는 전차 종점인 마포나 돈암동은 아득히 먼 곳인 줄 알았습니다. 서울이 천천히 흘러다녔습니다. 겨울에는 엄청 추워 사람들이 한강에서 썰매를 타기도 했습니다.

1970년대가 되면서 서울이 빨라지기 시작했습니다. 자

동차가 늘어나고, 어렸을 적 살던 동네가 점점 가게들로 채워지고, 집들이 하나둘씩 이사 가고, 한 학년에 두 학급이던 청계국민학교는 아이들이 없어서 폐교되고, 암스트롱이 달나라에 첫발을 내딛고…….

중학교에 갈 때쯤 되니 지하철 공사가 시작되었습니다. 그 후 50여 년을 지하철 공사와 살고 있습니다. 전차는 없어지고 우마차도 사라졌습니다. 한 번 시동이 걸리고 움직이기 시작한 서울은 점점 가속도가 붙기 시작했습니다.

저는 금세 그 속도에 익숙해졌습니다. 그리고 그 속도는 문명화로 받아들여졌습니다. 〈새마을 노래〉가 동네방네 울려 퍼지고 국민교육헌장을 외우고, 경부고속도로로 부산에 가서 점심을 먹을 수 있다는 소리를 들었습니다. 거리가 좁아지면서 속도가 빨라지는 그 한가운데에 있게 되었습니다. 서울에 산다는 것을 문명의 최전방에 있다는 것으로 받아들여 으쓱해했습니다.

방학이 되면 시골 친척집에 가서 내내 있다가 오기도 했습니다. 시골에서 지내는 것은 재미가 없었습니다. 변화 없는 푸르름과 싱거운 산들. 너무나 심심해 누워서 뱅뱅 돌았습니다. 정말 놀 일이 없었습니다. 밤에는 어찌 그리 컴컴한지 저녁을 먹고 나면 자는 일 외에는 할 일이 없었습니다.

초록 물이 뚝뚝 떨어지는 자연의 푸르름에 아예 질려버렸지요. '자연'이란 아니 시골이란 그저 진부하고 심심한 것이

었고, 너무나 심심해 눈이 그렁그렁해지도록 하품만 나오는 그런 곳이었습니다. 그러다 '복무'가 끝나 가방 들고 서울역 광장에 나서면 느껴지던 매캐한 매연 냄새, 눈앞에 휙휙 지나가는 빠른 속도, 그런 것들이 어찌 그리 반가웠던지 코끝이 찡해지고 가슴이 두근거렸습니다.

　속도. 제가 그리워했던 것은 어느새 제게 익숙해진 서울의 속도였던 모양입니다. 시골의 그 '옛이야기 지즐대며' 천천히 흘러가던 실개천의, 그 느린 속도가 저를 그렇게 심심하게 했던 모양입니다. 서울의 빨라진 속도와 기계화, 문명화, 그런 상징들에 어느새 예속된 저에게, 시골의 느린 속도는 상대적인 박탈감 혹은 세상의 속도에서 소외를 느끼게 했습니다. 시골은 저에게 속도의 감옥이었습니다.

밀
레
니
엄.

세상 살아가는 데 어려운 일 중 하나가 바로 자신의 생각대로 줏대 있게 살아가는 일이 아닌가 생각합니다. 태산이 무너져도 개의치 않고 꿋꿋이 자기 방식대로 살아가는 그런 자세 말입니다. 그러나 지금 세상에서는 그것이 쉬이 허용되지 않습니다.

돌이켜보면 항상 이런저런 강요가 있었습니다. 초등학교 3학년 때 교실 오른쪽 벽에 액자가 하나 걸렸고, 손바닥을 맞아가며 눈만 감으면 입에서 그 내용이 빙그르 돌아 나오도록 강요받았습니다. "우리는 민족 중흥의 역사적 사명을 띠고 이 땅에 태어났다."

고등학교 때는 대학 가기를 강요받았습니다. 그 대열에

끼지 못하면 이 사회에서 도태되고 결국 반편으로 살아갈 것이라는 은연중 암시를 받으면서 말입니다. 어쩔 수 없었습니다. 여러 해를 걸치며 천신만고 끝에 합류했습니다. 그뿐이겠습니까? 대학 졸업하면 취직해라, 취직하면 결혼해라, 결혼하면 애 낳아라…… 가위눌리고 있습니다. 아파트 청약 저축, 주식 투자……. 정말 사회의 일원으로서 해야 하는 의무는 많기도 합니다.

참 시끄러웠습니다. 해가 바뀌고 연도가 천 단위에서 이천 단위로 바뀌면 바뀌는 것이지 뭐 대단하다고 1년도 훨씬 전부터 카운트다운을 하고 밤새 광란의 도가니로 사람들을 몰아넣습니까? 백 보 양보해서 자기네 힘이 넘쳐 그런 짓을 한다고 생각하고 말면 그만이지만, 뉴스에서까지 강요되는 부탄가스와 비상식량 이야기는 심했습니다. 결국 1인 4통으로 한정된 부탄가스를 사서 잘 모셔놓았습니다. 사회의 일원으로서 정해진 길을 걸었습니다.

태산명동서일필泰山鳴動鼠一匹. 태산이 떠나갈 듯이 요동하게 하더니 뛰어나온 것은 쥐 한 마리뿐이었습니다. 항상 그랬고 그것을 뻔히 알고 있지만 어쩌겠습니까? 그리고 국민교육헌장을 외울 때의 기분으로 밀레니엄의 의미를 숙지하고 있습니다. 새로움, 디지털, 인터넷, 미래의 세계. 우리에게 새로 부과된 '국민교육헌장'입니다. 뒤처지지 않으려고 안간힘을 씁니다만, 이제는 피곤합니다. 정신없이 끌려다닌다는 생각이 듭

니다.

　21세기라고 새로울 것이 있겠습니까? 갑자기 식탁에 밥 대신 캡슐 두세 알이 놓이겠습니까? 문제는 우리에게 닥친 새로운 환경보다 그것을 두려워하는 우리의 마음이고, 공연히 전전긍긍하는 우리의 자세입니다. 세상 일이, 닥칠 미래가 그리 녹록하지 않겠지만, 그렇다고 어렵기만 한 것도 아닐 것입니다. 더군다나 태산이 그리 쉽게 무너지지도 않을 것이고요.

산
천
재.

'격格'이라는 말이 있습니다. 자주 쓰이는 말입니다. 까다로운 말이 아닙니다. 표준국어사전에는 "주위 환경이나 사정에 어울리는 분수나 품위"라고 쓰여 있습니다. 그러나 쉬운 말도 아닙니다. 우리가 어떤 것에 대해 "격이 있다"라고 이야기하는 것에는 단순히 외형의 아름다움이나 정치情致함만을 가지고 평가하는 것이 아니라 좀더 복합적인 의미를 포함하고 있습니다. 사실 정신적인 것에 더욱 초점을 맞춘, 알쏭달쏭한 이야기입니다. 시험 성적을 매기듯 용모 몇 점, 품행 몇 점 하는 식으로 점수를 매길 수도 없는 것입니다.

저는 좋다고 생각하는데 세간과 전문가의 평가는 완전히 다르게 나오는 경우가 간혹 있습니다. 아는 사람들은 그렇지 않을지 몰라도, 저 같은 일반인이나 그 방면에 훈련된 시각이 없는 사람에게는 꽤나 답답한 일입니다.

가령 학교 다닐 때 불국사 석가탑이 좋다고, 최고라고 극찬하는 이야기를 들었지만, 아무리 들여다보아도 알 수 없는 노릇이었습니다. 그 옆에 서 있는 다보탑은 알겠는데 석가탑이 좋다는 말은 도무지 이해할 수 없었습니다.

첨성대는 어떻습니까? 조선시대 달항아리는 어떻습니까? 심지어는 우리나라의 찬란한 오천 년의 역사란, 찬란한 문화란 사실 정말 별 볼 일 없는 모양이로구나 하는 생각까지도 했습니다.

실제로 가보니 그런 생각은 더욱 확연해졌습니다. 중국의 화려함이나 일본의 정교함, 인도나 이집트의 스케일이나 신기함은 전혀 없고, "어째 저런 것들을 우리의 빛나는 문화유산이라고 하나?" 하고 회의가 들기도 했습니다.

그렇지만 석가탑은 아름답다고 합니다. 무척 혼란스럽습니다. 우리의 미의 기준과 전문가들 혹은 문화적인 안목이 있는 이들이 보는 미의 기준은 완전히 다른 것인가요? 현상 저 너머에 어떤 정신적인 원리나 미의 원리가 숨어 있는 모양입니다.

그것은 안에서부터 은은히 배어 나오는 향기 혹은 아름다운 정신의 향기 그런 것이 아닐까 생각합니다. 석가탑이 아름다운 것은 오묘한 비례나 기술적인 완성도를 담고 있기 때문만은 아닙니다. 통일신라, 특히 경덕왕景德王(신라 제35대 왕) 때

의 시대정신과 그 당시 장인의 종교적인 헌신에서 나오는 향기이고 격이라고 생각합니다.

집에도 격이 있습니다. 집에도 안에서부터 은은히 번져 나오는 향기가 있습니다. 늘 제가 최고의 집으로 손꼽는 산천재는 격이 있고 향기가 있는 집입니다. 가보면 알 수 있습니다. 말로 설명할 수가 없습니다. 산천재를 이야기하자면 지리산을 이야기해야 하고, 남명 조식이라는 분을 이야기해야 합니다. 지리산에 산천재가 있고, 산천재는 남명 조식 선생이 사시던 곳입니다. 그리고 그 셋은 어찌나 잘 어울리는지 한날한시에 같이 태어난 듯합니다.

저는 남명 조식 선생을 잘 모릅니다. 지리산은 더더욱 모릅니다. 알고는 싶었지만 참 어려웠습니다. 그러나 지리산은 정말 좋습니다. 까다롭지 않습니다. 그저 동네 뒷산 같습니다. 1,900미터가 넘는 천왕봉의 높이가 느껴지지 않습니다. 그러나 높고도 넓습니다. 그리고 지리산을, 천왕봉을 쳐다보며 고즈넉이 앉아 있는 산천재는 참 좋습니다. 특히 산천재가 지리산을 바라보는 시선이 참 좋습니다.

집이 크지도 깊지도 않습니다. 그저 빠르게 지나가는 국도변 강가에 앉아 있는 낮고도 단순한 집입니다. 그러나 위엄이 있습니다. 그 동네 사는 사람한테 들은 이야기인데, 지리산 천왕봉이 잘 보이는 지점이 몇 곳 있다고 합니다. 그중에 한 곳이 산천재 뒷마당이랍니다. 산천재를 가면 항상 뒷마당으로 가

서 천왕봉을 배알합니다. 멀리 보이는 천왕봉과 낮지만 당당하게 앉아 있는 산천재 사이에 서 있습니다.

　산천재는 남명 조식 선생의 서재였고, 생을 마감한 장소라고 합니다. 지리산이 덕산 쪽으로 흘러내려오다가 덕천강가로 들어가는 흐름대로 집을 앉혔습니다. 아무런 자기 주장도 없어 보이는 낮은 집이지만, 집을 드러내지 않고 산의 흐름에 몸을 맡긴 그 모습이 근엄합니다. 그리고 절대 낮아 보이지 않디군요. 격이 있습니다. 자신을 드러내지 않고 주위와 어울리는 품위가 있습니다. 산천재는 그런 집이고 지리산은 그런 산입니다.

허
위
의
식.

밭 팔고 논 팔고 상경한 농부가 있었습니다. 주머니가 두둑해진 농부는 새 옷과 새 구두를 신고 술집에 가서 거나하게 마셨습니다. 술에 잔뜩 취한 농부는 그만 길에 누워 잠이 들었습니다. 담에 머리를 기댄 채 다리를 길 쪽으로 뻗고.

그 길을 지나가던 차가 있었습니다. 농부를 발견한 운전기사는 그를 흔들어 깨웠습니다. 차가 지나갈 수 있도록 다리를 치워달라고 했습니다. 농부는 어렴풋이 눈을 뜨고 길 쪽으로 뻗은 다리를 보았습니다. 눈에 익숙하지 않은 구두와 바지. 농부는 내 다리가 아니니 그냥 지나가도 된다고 했습니다. 차는 농부의 다리를 밟고 지나갔습니다.

키르케고르Kierkegaard의 『죽음에 이르는 병』에서 읽었던

우화입니다. 사람들은 허위의식 속에서 살아가고 있습니다. 자기 자신을 가상의 틀 속에 집어넣고 사는 것이지요. 세상 또한 비슷한 허위의식으로 가득 차 있고, 그래서인지 이해할 수 없는 일이 많습니다. 그래도 세상은 그런대로 잘 돌아가고 있습니다. 우리가 거기에 익숙해지는 수밖에는 달리 방법이 없는 것 같습니다.

몇 년 전 택시를 탔을 때의 일입니다. 그 택시는 회사 택시였고 얼마 전 임금 투쟁을 치열하게 하여 나름 어느 정도의 성과를 거둔 후였습니다. 택시 운전기사와의 대화는 그때 한창 진행 중이었던 지하철 노조 파업으로 이어졌습니다. 택시 파업이나 지하철 파업이나 그 논리는 거의 같았습니다. 그러나 그 택시 운전기사는 지하철 파업을 맹렬히 비판했습니다.

사회학자인 김동춘 교수에 의하면, 한국에서 '근로자'라는 개념은 노동자가 자기 정체성을 확립하는 과정에서 만들어진 것이 아니라 국가에 의해 위에서부터 주어진 것이며, 노동자라는 개념을 '부정'하면서 수립되었다는 특징이 있답니다. 허위의식과 정체성의 혼란이 아니라, 정체성 그 자체가 생겨나지도 않은 채 살고 있는 것이지요.

병
산
서
원.

　　병산서원은 아름다운 서원입니다. 안동에서
하회마을 쪽으로 들어가다 보면 초입에 왼쪽으로 들어가는 길
이 있습니다. 병산서원으로 가는 길입니다. 좁은 길을 털털거
리며 들어가면 강 앞으로 시원하게 자리하고 앉아 있는 병산서
원이 나옵니다. 서애 유성룡 선생의 위패를 모신 서원입니다.

　　서원은 조선시대의 사립학교로 교육의 기능뿐만 아니라
제사의 기능도 수행하던 사설 교육 기관이었습니다. 그러나 서
원이 많아지고 파당派黨을 형성하는 폐단이 커지자, 급기야 흥
선대원군 때 몇몇 서원만을 남기고 모두 철폐하는 대대적인
'정화'가 있었습니다. 그중 살아남은 서원은 '우리는 서원 철폐
때도 살아남은 서원'이라며 유세를 부리게 되었다고 합니다.

그중에서도 서애의 제자 정경세가 지었다는 병산서원은 오래전부터 각광받는 전통 건축물이 되었습니다. 사실 그 건물만 놓고 본다면 개개의 건물과 전체의 구성, 주변에 대한 해석과 적절한 배치가 아주 뛰어납니다.

그런 '전문가적 소견'을 차치하더라도 그 앞의 풍광과 안쪽 공간은 정말 괜찮습니다. 터를 잡은 것은 450여 년 전이지만, 20세기 초 강당과 사당 등 주요 건물들이 중건되어서 건물 자체가 오래된 것은 아닙니다. 그러나 무조건 지어진 햇수에 비례해서 값어치를 매기던 세상 사람들의 평가 기준이 바뀌고 있다는 점에서 무척 잘된 일이라고 생각합니다.

이제 병산서원은 한국의 건축가들이 모두 사랑하며 닮고 싶어 하는 하나의 전범典範이 되었습니다. 요즘 괜찮다 하는 건물의 설명에는 어김없이 병산서원의 만대루 풍경이 등장합니다. 입교당 마루에서 본 만대루의 7폭 병풍 안에 가두어진 병산과 낙동강의 경관이 설명 옆에 붙어 있습니다.

그러나 제게는 그 풍경이 한국 건축의 미덕이라기보다는 자연을 싹둑싹둑 잘라 배열해놓고, 그 위에서 군림하는 권위적인 건축의 모습으로 비쳤습니다. 높이 앉아 내려다보며 '병산'을 잡아 박제해서 액자에 끼워놓고 즐기던, 당시 그 동네 잘난 유생들의 거들먹거림이 눈앞에 어른거리기까지 했습니다.

병산서원은 당시의 시대적 상황이 그렇긴 했지만, 누가 뭐래도 소수 엘리트만을 위한 폐쇄적이고 권위적인 건축물이

었을 것입니다. 그래서인지 병산서원에 가면 그 좋은 유기적인 기능 구성이나 용의주도한 공간 처리 수법에 무릎을 치면서도, 주변을 누르고 버티고 앉아 바깥을 내려다보는 너무나 '당당한' 그 모습에 가슴이 답답해지기도 합니다.

물론 '당당함'은 더할 수 없이 좋은 것입니다. 숭례문의 당당한 기상이나 감은사지에서 읽히는 기상, 미륵사나 황룡사의 당당함과 같이 무언가를 변화시키고 새로운 이상을 펼치려고 하는 의지의 표상으로서 그런 당당함은 좋은 것입니다.

그러나 자신을 다른 계층과 구분 짓고, 누군가에게 군림하려는 그런 '사斯'가 끼어 있는 당당함은 단지 엘리트 의식이나 선민의식으로밖에는 읽히지가 않습니다. 그런 점이 서원 건축의 태생적인 한계일 것입니다.

그렇기에 병산서원의 풍광과 그것을 담아낸 수법이 아무리 멋지더라도 그 형식에만 감탄하는 것은 옳지 않습니다. 그런 왜곡된 엘리트 의식을 가진 자들이 사회를 이끌어가는 시대는 없어야 합니다. 병산서원에서 우리가 수용해야 하는 것은 지형에 대한 적극적인 해석이나 규범을 거스르지 않으면서도 유기적인 구성을 위해 조금씩 변형을 가하는 자유로웠던 그 당시 건축가들의 사고이지, 시끄럽고 더러운 바깥과는 단절하고 혼자 만대루 혹은 입교당 마루에 앉아 사람과 자연을 내려다보면서 군림하는 자세는 아닐 것입니다.

소
외.

조금 거슬러 올라가면 바로 우리의 윗세대,
아버지 세대만 해도 집을 짓고 늘리고 하는 일은 일상적인 일
들이었습니다. 동네에서 솜씨 좋은 사람들을 불러 같이 블록으
로 담을 쌓고 벽을 세우고 구들을 깔고 도배하고 문까지 달았
습니다. 일은 힘들었지만 저녁에 새로 지은 집에 전선을 뽑아
켜놓은 30촉짜리 알전구 앞에 가족들이 둘러서서 뿌듯해했던
기억이 생생합니다.

솜씨가 좋아서 그런 일이라면 팔 걷어붙이고 나서는 사
람이 있는가 하면, 말만 들어도 아예 뒤로 빠져버리는 사람도
있었지만, 지금처럼 일하는 사람 뒤에 엉거주춤 서서 비위 맞
추는 일만 하지는 않았습니다. 마당에 뿌려놓은 시멘트 벽돌을

나르기도 하고 모래 고르는 체로 자갈을 고르기도 하고 미장한 시멘트 벽에 손가락으로 날짜를 쓰기도 했습니다. 그렇게 해서 기와까지 올리지는 못해도 번듯한 평슬래브 별채가 지어졌습니다. 그것도 식구들의 손으로 말입니다.

"왜 이렇게 재미있는 일을 남에게 주어버릴까?"

발전은 좋은 일이고 편리한 일입니다. 내 손에 흙 묻힐 일 없어서 편하기는 합니다. 그러나 발전 뒤에는, 문명화 뒤에는 소외가 따릅니다. 기술에서, 문명에서.

많은 일이 점점 우리 손에서 떨어져나가고 있습니다. 구멍 난 주머니에서 동전이 새어나가듯. 우리가 할 수 있던 많은 일이 철물점 아저씨에게, 전파상 아저씨에게, 도배공 아저씨에게 갑니다. 심지어 모기장 하나도 우리는 달 수 없습니다.

시대를 거슬러 모두 망치 들고 톱 들고 자기 집을 짓자는 이야기는 아닙니다. 그러나 자신만의 집은 포기하지 말자는 이야기입니다. 집을 소외시키지 말고 집에서 소외되지 말자는 이야기입니다.

20평 임대 아파트 혹은 다세대주택에서 시작해서 적금 붓고 청약을 하고 열심히 쫓아다니다가, 융자 끼고 자기 명의로 된 집을 마련해 조금씩 늘려갑니다. 그러다 눈밭에서 눈덩이 뭉쳐지듯, 어느 시점에 이르면 나이에 걸맞은 집이 마련되지요. 40평 아파트 혹은 50평 아파트.

비슷한 위치에 소파를 놓고 모두 같은 방향으로 텔레비

전을 보고 같은 방향으로 머리를 두고 비슷한 시간에 잠을 잡니다. 밤에 뒷베란다에서 뒷동을 보면 어떤 생각이 드십니까? 똑같은 거실에서 똑같은 방향으로 소파에 앉아 텔레비전을 보고 있는 100개도 더 되는 집들, 그 장관 말입니다.

비슷한 날 휴가를 떠나고 비슷한 시간에 귀경길에 오릅니다. 물론 머리를 많이 씁니다. "교통량이 적은 시간을 택해 고속도로에 오르리라." 그러나 모두 고속도로에서 만납니다. 우리가 원했던 것은 한가한 시간이 아니라 모두 고속도로로 올라오는 시간이었는지 모릅니다.

무리 중에 섞이는 것은 우리를 편안하게 해주는 것 같습니다. 남들과 다르면 불안해집니다. 튀기를 원하지만 그것조차 '공동의 취향'이고 '공동의 가치'입니다. 일정한 프로세스를 밟으며 사는 것은 우리를 편안하게 해주나 봅니다. 익명성에 기대어 김 대리, 최 과장, 박 부장, 그런 호칭으로 살아가고 있는 것이지요. 그리고 우리가 사는 집들도 102동 302호, 가동 205호로 되어가고 있습니다.

이제는 집도 사람도 다시 자신만의 이름을 찾아야 합니다. 그것은 자신이 만드는 것입니다. 집은 '껍질'이기도 하고, '재산'이기도 하지만 무엇보다도 '자신'입니다.

산다는 것은 자신을 구체적인 의미로 실현하는 과정이 아닐까요? 사회생활을 하고, 일에서 성과를 거두고, 자식을 낳아 기르는 일들이 자신을 실현하는 일입니다. 말하자면 세상에

서 존재를 확인하는 일입니다. 저는 집을 짓는 것도 그 범주에
든다고 생각합니다. 자신의 생각을 담아, 자신의 꿈을 담아 집
을 지을 때 가능한 이야기지만 말입니다.

　제가 옛집을 좋아하는 것은 옛집에 가면 그 주인을 읽을
수 있기 때문입니다. 거만한 집, 겸손한 집, 작지만 생각이 큰
집. 저에게는 집을 읽는 즐거움을 주고, 그 집에 사는 자손들에
게는 말로 표현되지 않는 집안의 이야기가 전해질 것입니다.
자신의 생각을 담고 자신의 손을 거쳐 집을 지을 때 그 집은 바
로 자신이 될 것입니다.

송광사.

이름난 절을 찾는 것은 모험에 가까운 일입
니다. 사람들에게 부대끼다 보면, 특히 관광객들에게 쓸리다
보면 아무리 좋은 경치나 훌륭한 건축물도 도통 눈에 들어오지
않습니다. 불국사가 그렇고, 수덕사가 그렇고, 요즘 들어 감은
사지가 그렇습니다. 매표소를 지나 주차장에 들어설 때 그득히
세워져 있는 관광버스만 보면 기가 질리고 '전의'를 상실하게
됩니다. 그 북새통에 쓸려다니면서도 그곳의 가치를 알아볼 수
있다면, 굉장한 안목이고 경지일 것입니다.

송광사 역시 그런 곳 중에서도 몇 손가락 안에 드는 곳입
니다. 승보 사찰이고 경치 좋고 공기 좋고, 무엇보다 주차하기
편하고 사하촌 번듯하니 단체로 구경 가기는 더할 수 없이 좋

은 곳입니다. 저도 횟수로만 친다면 제일 많이 갔다 온 전통 건
축물입니다.

대부분 낙안읍성과 선암사를 끼고 1박 2일 코스로 다녀
왔습니다. 서울에서 4~5시간을 달려 하루를 차 안에서 거의
보내고 도착해서는 올라갔다가 그냥 내려옵니다. 보이는 거라
고는 앞서 올라가는 사람 뒤통수이고, 정해진 위치에 어김없이
걸터앉아 사진 찍는 사람들을 피해 올라가다 보면 걸음걸이는
이리저리 갈지자가 됩니다.

이 절에는 못 들어가는 곳이 많습니다. 들어가자마자 나
오는 네모반듯한 대웅전 마당 외에는 절대 못 들어갑니다. 그
렇게 먼 길을 달려왔고 한참을 걸어 들어왔지만, 유난히 휑한
절 마당과 그 마당을 에워싸고 있는, 아직도 단청할 때 칠했던
물감이 뚝뚝 떨어질 것만 같은 도시 깍쟁이 같이 생긴 대웅전
과 성보전⋯⋯. 크기만 하고 안기는 맛이 없는 건물 외에는 더
는 볼 수가 없습니다.

그 덕분에 송광사가 사람 무리에 다치지 않고 무사한 것
은 감사하지만 섭섭한 마음은 어쩔 수 없습니다. 다시 앞사람
뒤통수를 보며 사진 찍는 사람들을 피하며 갈지자로 내려가야
합니다.

절에 구경하러 가냐고 묻는다면 할 말은 없습니다. 그렇
지만 저 같이 평범하고 속속들이 세속에 절은 사람들이 절에
무얼 하러 가겠습니까? 아무튼 그 절은 그 집 마당만큼이나 그

집 대웅전 품새만큼이나 휑합니다. 공허합니다. 지금 남아 있는 우리의 빛나는 전통 건축들은 공허합니다. 박물관에 전시된 박제들과 다를 바 없는 건물만 있습니다. 쓰이지 않는 물건들은 우리에게 감상은 주지만 감동을 주지는 못합니다.

그러나 절은 다르다고 생각합니다. 주인들이 있고 주어진 기능을 아직도 훌륭히 수행하고 있으니 말입니다. 그러나 송광사는 갈 때마다 공허했습니다. 관광객들만 한 무리씩 몰려다니지 주인들은 잘 보이지 않았습니다.

1995년 9월, 여름과 가을이 겹치는 계절이었습니다. 성수기가 지난 관광지는 적당히 쾌적했습니다. 이번에는 단체가 아니었습니다. 또한 유명한 절은 아침 일찍 아니면 저녁 무렵에 가야 한다는 요령이 생겨서 그날의 마지막 코스로 송광사를 찾았습니다. 송광사의 저녁 예불이 좋다는 이야기도 익히 들었기 때문에 내심 기대도 있었습니다.

저녁 햇살이 저쪽 산으로 들어가기 전 관음전 오른쪽 용마루를 비추어 황금색 얼룩을 만드는 것을 보았습니다. '같은 장소도 시간에 따라 이렇게 다르구나' 하는 생각을 했습니다. 그 시간까지도 저를 포함해 15~16명의 관광객이 이리저리 돌아다니고 있었습니다. 다들 이 근처에 숙소를 마련한 모양인지 움직임도 한결 여유 있어 보였습니다.

7시쯤 된 모양이었습니다. 대웅전 아래 약사전 툇마루에 스님이 한 분 나와 운판雲版을 두드렸습니다. 예불이 시작된 것

입니다. 갑자기 그렇게 기운 빠져 누워 있던 대웅전 마당이 일어섰습니다. 벌떡 일어서 활개를 치고 너울거렸습니다.

이곳저곳에서 스님들이 줄을 지어 손을 모으고 걸어 나오고 있었습니다. 합장을 하고 넙죽넙죽 절을 하고 예불하고, 걷고 절하고. 네다섯 무리는 되는 것 같았습니다. 건물 벽은 점점 더 석양에 물들면서 산불이 일어난 듯했습니다. 모든 집에 불이 일고……. 저를 포함해 이리저리 사진기 메고 배회하던 관광객들은 한구석으로 밀렸습니다. 어쩔 도리가 없었습니다. 집이 제 주인에게 돌아간 것이지요. 참으로 장관이었습니다.

들
꽃
처
럼

피어나는 집.

건강이란 몸의 각 기관들이 조화롭게 각자의 역할을 무리 없이 수행하는 것입니다. 가정의 건강이란 구성원들이 조화롭게 서로를 비추며 사는 것입니다. 마을이나 도시 역시 그렇습니다. 사람들, 집들, 그것들을 담고 있는 자연과의 조화로운 운행.

조화의 기본적인 전제는 서로가 서로를 인식하고 배려하는 것입니다. 우리가 몸의 각 기관을 인식하고 그 기관에 대해 배려한다면 건강해질 것입니다. 우리가 우리 주변의 이웃을 인식하고 배려한다면 사회는 건강해질 것입니다.

그러나 이 시대는 그리 건강하지 않다고들 합니다. 일제의 강점, 이승만·박정희의 독재, 그 후 이어진 무작한 정권이

어질러 놓은 세상 인심……. 세기말의 공포가 사람들을 현혹하기도 했습니다.

원인이 무엇이든 사람들이 많이 황폐해진 것은 사실입니다. 사소한 일들로 험한 말들이 오고갑니다. '착하면 손해를 본다', '양보하면 바보가 된다'는 생각이 사람들을 초조하게 하고 있습니다. 더군다나 일찌감치 경쟁에 익숙하게 길들여집니다. 정글의 법칙이 적용됩니다. 주변에 대한 배려나 양보의 미덕은 캠페인성 텔레비전 프로그램에서나 볼 수 있습니다. 시대가 허리를 꺾고 쿨럭거리고 있습니다. "일에 미쳐라." "한 가지만 잘하면 된다." 사람들이 틀에 끼워져 제조되고 있습니다.

누구나 알고 있을 것입니다. 건강한 사람이, 건강한 사회가 되어야 한다는 것을. 거두었던 시선을 다시 드리워야 할 때입니다. 주변에 대해, 자신에 대해. 우리가 지리산의 바윗돌을 한낱 거치적거리는 방해물로 보아 뽑아내지 않고 같이 살자고 살갑게 대했다면, 흙 속으로 쓸려 들어간 풀을, 나무를, 벌레를 인식하고 배려했다면 별 탈이 없었을 것입니다. 그렇게 어려운 이야기가 아닙니다. 우리가 살아온 이 땅의 정신이 그랬던 것이 아닌가요?

들꽃처럼 피어나는 집. 집들이 길섶에서 피어나고 있습니다. 집들이 따뜻한 양지에서 볕을 받으며 웃고 있습니다. 건강해 보여 좋습니다. 도시의 매연 속에서 보도블록의 좁은 틈을 비집고 피고 자라는 민들레를 봅니다. 아무 생각 없이 들여다

보기도 하고, 모르고 밟고 지나가기도 합니다. 길을 지나가며 혹은 빠른 속도로 국도를 지나가며 길가에 피어 있는 집들을 봅니다. 아무런 감흥 없이 그냥 봅니다.

자연스럽고 편안하고 의도가 없어 보이는 집들. 의도 없이 자연스레 형성된 마을. 그러나 유기적으로 소통되고 아무런 문제없이 잘 돌아가는 동네. 사는 것에 대한 욕망, 아름다운 것에 대한 욕망, 그런 것들이 비집고 들어갈 틈 없이 자연스러움만으로 구성된 집들, 무위의 집들. 산에 길이 나듯이 집들이 한 채씩 지어져 동네를 형성하고 길들이 만들어진 듯합니다. 벽을 세우고 창을 뚫고 문을 만들고 마루를 깔고 표정을 주어가며 집들이 만들어졌을 것입니다.

건축가란 없습니다. 그러나 실명의 집입니다. 집주인의 기호가 보이고 재료의 자연스러운 표현이 보이고, 무엇보다도 사는 사람들과 편안한 조화가 있어 보입니다. 저는 집을 그리고 싶습니다. 국도를 따라가다가 만나게 되는 집들처럼, 서울이 아파트와 다세대주택에 뒤덮이기 전에 골목골목에서 만나던 건강한 집들처럼, 우리가 그리워하는 그런 집 말입니다.

제4장

나무처럼 자라는
집

첫
만남.

1999년 8월이었습니다. 누군가 천등산 박
달재 근처에 지을 집을 설계해달라고 의뢰해왔습니다. 일면식
도 없는 김 선생이라는 분을 만나러 전화번호와 대강의 위치만
받아 들고 여름 휴가 끝물의 영동고속도로를 거슬러 갔습니다.
사무실을 열고 반년이 훌쩍 지나던 시점이었습니다. 몇 건의
현상설계와 지리산 근처에 집을 한 채 계획하고 있었지만 주로
숨 고르기에 열중하고 있었습니다.

지금도 기억이 생생한 IMF 시대의 한가운데였습니다. 매
일 우리가 아는 많은 회사가 믿어지지 않을 정도로 쉽게 무너
져내리고 있었습니다. 추녀에 매달려 겨우내 견고하게 붙어 있
었던 고드름이, 봄이 한 번 스치기만 했는데 우르르 떨어져내

리는 것 같았습니다.

체념만큼 빨리 오는 것도 없더군요. 우리는 텔레비전 앞에 앉아, 한때 안정적인 직장의 간부였던 사람들이 팔뚝으로 눈물을 훔치며 다시 용기를 내어 택배를 하거나 앞치마를 두르고 음식을 나르는 모습을 보고 있었습니다.

일은 거의 없었습니다. 누가 집 지을 엄두를 내겠습니까? 계획하던 일도 언제 지어질지 알지 못하는 상황이었습니다. 숨고르기. 생각을 정리하기에 아주 좋은 상황이라고 애써 위안하며 일을 아주 천천히 하고 있었습니다.

설계 일이라는 것이 대부분, 건축주는 오랜 숙고 끝에 찾아와 의뢰하지만 막상 일을 시작하면 빠른 시일 안에 그림을 보고 싶어 합니다. 안달을 하며 하루라도 빨리 그림을 가져오라고 성화를 하고, 저는 그 기대에 부응하고자 밤을 새우며 그림을 그려냅니다. 그것이 건축 설계의 일반적인 상황이었는데 그 시기에는 그런 요구가 없었습니다. 그 덕분에 일을 천천히 하며 생각을 많이 할 수 있다는 것을 위안으로 삼으며 지내고 있었습니다.

남원주 나들목으로 들어가 치악산을 보며 오른쪽으로 방향을 틀어 충주 쪽으로 갔습니다. 전화로 여러 번 길을 물어 제천의 끝자락 국도변 연립주택에 사는 김 선생을 만났습니다. 어색하게 수인사를 하고 마주 앉았습니다. 김 선생은 지적도와 자신이 직접 공책에 볼펜으로 그린 어눌한 평면도를 보여주었

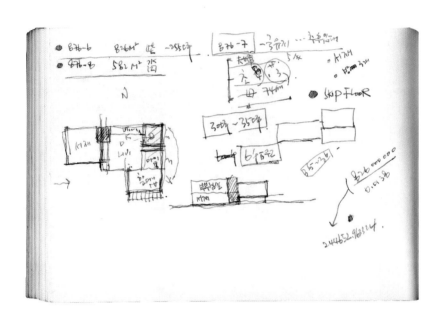

습니다. 기역자 모양의 2층집이었습니다.

저는 아직도 제 집을 그려본 적이 없어 그 기분을 알 수는 없지만, 자신의 집을 짓는다는 것이 얼마나 가슴 뛰는 일인지에 대해서는 상상만으로도 알 것 같습니다. 평소에 자신이 원했던 것들을 다 불러 모으고 몇 번이나 확인을 하고 그래도 빠진 것이 없나 단속해 마침내 종이 위에 펼쳐놓을 때의 기분은 황홀할 것입니다. 집은 가족의 평생 꿈 아니겠습니까?

종종 황당한 요구를 받을 때도 있습니다. 벽인 줄 알고 기대면 벽이 밀리며 방이 나오는 집, 누우면 천장이 열리며 밤하늘의 별을 볼 수 있는 집……. '이런 상상만으로도 이 사람은 꽤 즐거웠겠구나' 하는 생각이 듭니다. 현실적으로 불가능한 일이 아니기도 하고요.

그러나 저를 곤혹스럽게 하는 것은 '아름다운 꿈'을 꾸는 분들이 문득문득 풀어놓은 장면들을 하나의 그림으로 엮어나가야 한다는 것입니다. 그 꿈들은 자신이 본 영화나 소설 혹은 피천득 선생님의 수필에 나왔던 풍경, 텔레비전 광고에 나오는 공간 등 대부분 전체적인 구성이나 연결이 없는 생각의 단편들입니다. 각기 다른 사람들의 입과 코와 귀와 눈을 꿰맞춰 이상적인 얼굴로 만들어달라는 요구와 같습니다.

제가 억지로 꿰맞춰 가져가면 끝없이 "이거 말고요"라고 말하며 답답해합니다. 자기가 가져온 것들이 이럴 리가 없는데 하는 표정입니다. 전체를 그려보지 않고 짤막짤막 쪼개온 단편들만 생각하고 있으니, 결과물은 그쪽이나 저나 난감할 수밖에 없습니다. 간혹 김 선생과 같이 전체적인 구성을 어눌하게나마 그려오는 분은 그중 최상이라고 할 수가 있지요. 일단 구성을 해보았으니 무엇이 문제인지는 알고 있기 때문입니다.

제천에 있는 중학교에서 화학을 가르치는 김 선생, 서울에 있는 중학교에서 국어를 가르치는 안주인 신 선생, 칠순이 훨씬 지난 노모, 초등학교에 다니는 아들과 딸, 이렇게 다섯 식구였습니다. 노모와 김 선생은 제천에서 살고 아이들과 신 선생은 안양에서 살았습니다. '시한부 주말 가족'입니다. 집을 지으면 다시 식구들이 모여 살 거라고 했습니다.

땅을 사게 된 경위를 들었습니다. 당시 김 선생은 서울에서 여러 해를 치열하게 '교육 운동'에 헌신했습니다. 이제는 어느 정도 안정을 찾았으며, 교육의 새로운 '패러다임'에 대해 고민하고 있다고 했습니다. 그런 생각의 연장선상에서 시골로 가서 살기로 결심을 했답니다. 힘 빠져 귀거래사歸去來辭를 읊조리며 지방으로 내려오는 '낙향'이 아닌 새로운 사명감으로 내려왔다는 이야기였습니다. 그것도 경치 좋은 산기슭이나 물가가 아닌 시골 마을 한가운데에서.

지도를 펼쳐놓고 살 곳을 고르던 중 10군데 정도가 물망에 올랐다고 합니다. 그중 행정구역상 충주에 속하는 산척면 상산마을이라는 곳이 가격도 적당하고 자리도 괜찮아서 대지 250여 평, 사과밭 180여 평을 구입했답니다.

점심을 얻어먹었습니다. 김 선생이 사는 집은 '농촌형 연립주택'이었습니다. 들어가자마자 방과 화장실이 나오고 조금 앞으로 나가면 부엌과 거실이 나오고 안쪽으로 방 두 개가 붙어 있는, 흔한 '아파트 구조'로 생긴 집이었습니다.

우리나라 사람의 60퍼센트 이상이 이런 아파트에서 살고 있습니다. 아파트는 우리 삶의 형식을 지배하고 있습니다. 시골이건 도시건 같은 구조의 주택에서 살고, 같은 생각을 하고, 같은 패턴의 생활양식을 공유하고 있습니다. 다만 다른 것은 단지의 뒷벽에 붙어 있는, 각 집에 한 칸씩 배정된 연립형 창고였습니다. 거의 농사를 지으며 살고 있는 주민들에게 꼭 필요한 시설이었습니다.

잘 정돈된 마당을 중심으로 집들이 빙 둘러 배치되어 있었습니다. 거실들은 해바라기처럼 마당을 둘러싸고 있었고, 마당의 포장은 해바라기 씨줄 같았습니다. 그 마당은 각 집 거실에서 너무 잘 내다보여, 마당에 서면 빙 둘러싸고 있는 거실 창에 포위되어 있는 기분이 들 것 같았습니다.

그날 날씨는 무척 덥고 끈적끈적했습니다. 화창하던 날씨는 오후로 접어들며 구름이 잔뜩 끼고 후텁지근해졌습니다. 자동차 뒷자리에 앉아 무거운 바람을 맞으며 집 지을 땅을 보러 갔습니다. 앞 창문으로 들어오는 묵직한 바람에 머리카락을 대책 없이 날리며 여름 두 달을 쉬는 김 선생이 부럽다는 생각을 했습니다.

상
산
마
을.

고개를 두 개 넘어 20분 정도 달리자, '천둥산 박달주'라는 입간판이 보이고 그곳에서 90도로 꺾어 들어갔습니다. '상산마을 1킬로미터.' 하얀 교회를 지나치고 잡초가 무성한 어린이 놀이터를 지나치니 여기저기 버려진 집들이 보였습니다. 내려앉은 툇마루와 숭숭 뚫린 창호지를 안고 비스듬히 매달린 띠살문이 붙은 방들이 있는 집들이었습니다. 집들은 길가에 무성하게 웃자라 있었습니다.

하얀 신작로를 따라 4킬로미터는 더 들어갔습니다. 동네는 조용했습니다. 제 걸음 소리만 자박자박 들렸습니다. 영화 세트에 들어선 것처럼. 동서로 좁고 남북으로 긴 동네의 중간에 낡은 폐가가 하나 있었습니다. 김 선생이 보여주고자 한 땅이었습니다. 헛간과 작은 건물 2채가 마당을 감싸고 있었는데, 본채는 이미 허물었고 남쪽으로 나지막한 사과밭이 달려 있었습니다.

김 선생은 익숙하게 이곳저곳을 보여주고 설명을 해주었습니다. 마당 한가운데에는 본채를 허물고 쌓아놓은 쓰레기가 사람 키 높이 정도 쌓여 있었습니다. 그 안에 구들장이 묻혀 있으며 새 집을 지으면 그 구들로 주인이 직접 온돌방을 하나 만들고 싶다고 했습니다. 쓰레기 더미 위로 무성한 잡초와 에워싼 빈 방들 때문에 땅의 크기가 어느 정도 되는지 가늠이 되지 않았습니다.

멀리서는 댐 공사가 한창 진행 중이었습니다. 산을 깎고 댐을 쌓아 황토 법면法面(경사면)이 초록과 절절히 대비되고 있었습니다. 산이 황토색 치마를 입고 있었습니다. 댐은 한 10년 후에나 완성된다고 했습니다. 들어올 때 먼지를 일으키며 마주 오던 트럭들의 정체를 알 수 있었습니다. 그 트럭들이 조용한 동네를 가끔씩 흔들어 깨워줄 것입니다.

댐이 완성되면 이 동네의 환경이 많이 변한다고 합니다. 우선 바람의 방향이 바뀌고, 기온이 많이 달라집니다. 그리고 공중에 남아 있는 제초제나 농약 알갱이들이 아침에는 주변의 물기들과 합쳐지며 안개가 되어 공중에서 배회한다고 합니다.

제초제나 농약을 어쩔 수 없이 써야 하는 농촌의 현실을 알면서도 "그것이 위험하지 않을까요?" 하는 바보 같은 질문

이나 염려는 할 수도 없었습니다. 도시에는 사람이 넘쳐나 고민이지만, 이곳은 사람이 없어 고민이었습니다.

이 동네는 바람이 항상 남쪽에서 불어온다고 했습니다. 그래서 이 동네의 집들은 거의 동향이나 서향을 하고 있습니다. 바람이 남쪽에서 불어오기 때문에 비가 오면 남향의 창이나 문은 비에 젖는다고요. 동네의 집들은 대부분 기다란 동네의 결에 맞추어 자리 잡고 있었습니다. 동네를 돌아다녔습니다. 오후의 시골 동네에는 사람이 없었습니다.

낡은 황토 흙을 바른 담배 창고가 삐죽 솟아 있었습니다. 그 창고는 언덕 위 교회당처럼 근엄하게 동네를 내려다보고 있었습니다. 담배 창고 동쪽 언덕 위로 올라가니 너른 밭이 나왔고 소나무가 많이 있었습니다. 동네가 한눈에 들어왔습니다. 촘촘히 메우고 있는 초록 사이사이에 지붕들이 둥둥 떠 있었습니다. 고만고만한 집들이 오글거리며 모여 있었습니다.

집 지을 땅에 서서 김 선생 내외는 생각했던 집을 이야기했습니다. 막연하기는 그쪽이나 저나 마찬가지였습니다. 설계를 시작하며 땅을 처음 볼 때의 당혹스러움이란. 땅을 보면 무언가 생각이 떠올라야 하는데 아무 생각도 떠오르지 않았습니다. 시험장에 들어선 것 같았습니다. 밤새 밑줄 쳐가며 외우고 아침까지 몇 번 더 확인하고 온 내용들이 시험지를 받아 책상 위에 펼쳐놓으면 아무것도 기억나지 않고 머릿속이 하얘지는 것처럼.

땅만 건성건성 들여다보며 사진기를 눌러댔습니다. 아니 땅을 본 것이 아니라 땅을 수북이 덮고 있는 초록만 보았습니다. 우리가 서 있던 곳은 집 지을 땅 동쪽 편에 사람 눈높이 정도로 솟아 있는 언덕이었습니다. 그곳에는 비닐을 걷은 비닐하우스가 공룡 뼈대처럼 남아 언덕을 지키고 있었습니다. 그 언덕은 동네의 뒷길과 연결되어 있었습니다. 가을 무렵 땅이 파삭파삭해질 때 앉아 동네를 내려다보기 좋은 자리였습니다. 김 선생은 동네에 자연스럽게 어울리는 집이었으면 좋겠다고 했습니다.

농촌 사람들은 순박하기는 하지만 약간은 폐쇄적인 성향이 있어 외지인이 동네에 들어와 자리 잡고 살기가 쉽지 않다고 했습니다. 동네 사람들이 순박한지 폐쇄적인지는 사람이 하나도 보이지 않아 알 수가 없었지만, 동네에 군림하고 있는 초록은 정말로 완고해 보였습니다. 들어갈 틈이 보이지 않았고 그 안에 들어서면 무엇이든 다 초록으로 물들일 것 같았습니다. 돌아오는 길에는 강원도로 휴가 갔다 돌아오는 차량에 섞이게 되었습니다. 꼬리를 계속 물고 있는 뱀이 되어 기어서 돌아왔습니다.

설
계
의

단서들.

김 선생이 내놓은 집의 조건들은 지극히 상
식적인 것이었습니다. 밤하늘의 별을 보는 창을 달아달라거나
벽 뒤에 방을 숨겨달라는 그런 요구는 없었습니다. 오히려 이
곳에 집을 앉히는 작업의 준비 과정이나 그 행위에 큰 의미를
두는 것 같았습니다.

사실 잠깐잠깐 들은 이야기로도 여태까지 김 선생의 삶
은 그다지 편안하지 않았고, 김 선생의 기질도 책상물림은 아
니었습니다. 현장에서 부딪치고 깨져도 좌절하지 않는 '투사
적'인 삶이었습니다. 점심을 먹으며 김 선생 모친께서 하시는
푸념을 들어 알았습니다. "기껏 공부시켜 서울대 보내놓으니
돌아온 것은 데모 뒷바라지였다"는 이야기였던 것 같습니다.

김 선생은 자신의 집을 짓는 것이나 앞으로 이어질 이곳의 생활도 일종의 '활동'으로 여기고 있었습니다. 앞으로 닥칠 여러 가지 상황에 대한 왕성한 도전 의식으로 시작하는 것 같았습니다. 김 선생에게는 훌륭한 집에서 편안히 사는 것이 중요한 목적은 아니었습니다. 새로운 타입의 건축주였습니다. 과학도답게 김 선생의 집에 대한 접근은 합리적이고 과학적이었습니다. 제가 그간 만나본 어떤 건축주보다도 아주 '심하게'.

김 선생이 요구한 사항을 정리해보면 어떻게 하면 동네에 자연스럽게 정착할 것인지와 앞으로 닥칠 여러 가지 갈등을 어떻게 해결할 것인지였습니다. 즉, 동네와 김 선생 일가, 땅과 그 땅에 기대어 살려고 하는 초보 농사꾼 사이의 갈등, 가족 내부 고부 간, 세대 간의 갈등 등 어쩔 수 없이 만나게 될 상황을 튼실하게 대비할 방법을 찾고자 하는 것이었지요.

'요즘의 집' 문제를 적어나가자면 한없이 나오겠지만 그 중 하나가 '거리'에 대한 문제입니다. 사람 사이가 너무 좁아졌습니다. 출근길 지하철 속에서처럼 모두 바짝바짝 다가서 있습니다. 발에 치이는 것이 사람이고 그래서인지 사람은 그리 '귀하지' 않습니다. 사람들이 도시로 모이다 보니 개개인에게 할당되는 면적은 한정될 수밖에 없었고, 대안으로 제시되는 것이 아파트라든가 그와 비슷한 집들입니다. 그러나 알다시피 부작용이 많습니다. 그런 집들은 사람 사이의 적정 거리를 소거해 버렸습니다. 상자 속에 물건을 차곡차곡 집어넣듯이 집들이 도

시에 수납되고 사람도 집 안에 수납되고 있습니다.

모두 모여 한곳만 응시하며 산다고 사람들이 가까워지고 행복해지는 것은 아닙니다. 어느 정도의 거리는 지켜져야 합니다. 가족 간, 이웃 간의 일정한 거리. 그 거리는 사람 사이의 예의 혹은 친밀함의 정도입니다. 조금 번거로운 거리들을 모두 압착해서 깡통에 우겨넣으면, 합리적이기도 하고 기능적이기도 하지만 가족 간의 화목에는 큰 도움이 되지 않습니다. 해결 방법은 간단합니다. 인구를 분산하는 것입니다. 초등학생도 대답할 수 있는 문제입니다. 그 이외에는 뾰족한 방법은 없습니다. 그러나 그 방법은 현실적이지 못합니다.

모두 모여 머리를 짜보지만, 마당 있는 번듯한 단독주택을 허물고 그 자리에 연립주택이나 다가구주택을 짓는 사람을 어떻게 말리겠습니까? 땅이 가지고 있는 경제적인 효용을 극대화하자는 데 누가 반기를 들 수 있겠습니까? 사는 것이 조금 각박하더라도 경제적으로 당장 도움이 된다면 말입니다. 어려운 문제입니다.

김 선생은 거리에 대한 요구를 했습니다. 그에게 집을 짓는다는 것은 경제적인 효용의 극대화 수단이 아니었기 때문에 가능한 일이었습니다. 김 선생에게 집은 '가치의 교환'이 목적이 아니라 '정주'가 목적이었습니다. 김 선생의 '상식적인 요구사항'은 다섯 가지였습니다.

첫 번째는 동네에서 튀지 않는 소박한 집이었으면 좋겠

다. 두 번째는 도서관을 만들어주었으면 좋겠다. 즉, 가족끼리 모여 토론을 하고 독서를 할 수 있는 공간이 필요하다고 했습니다. 가족실의 기능을 가진 도서관, 지식의 창고란 살림집에 어울리지 않는 거창한 이름일 수도 있지만 무척 의미 있다고 느꼈습니다. 세 번째는 농사를 지을 것이니, 창고가 필요하다. 네 번째는 가족 간의 프라이버시가 보장될 수 있었으면 좋겠다. 일흔이 넘은 노모, 그것도 호랑이띠에 일찍 혼자가 되시고 혼자 힘으로 6남매를 기르신 강인한 할머니와 역시 호랑이띠 며느리 신 선생, 한참 자라는 남매, 모든 가족의 중간에 서 있는 김 선생. 삼대가 사는 집의 사생활과 공동생활이 적당히 조화로웠으면 좋겠다고 했습니다. 다섯 번째는 손님이 많이 올 것이므로, 손님과 가족이 어느 정도 분리되기를 원한다고 했습니다. 그게 다였습니다.

찍어온 사진을 테이프로 이어 벽에 붙여놓았습니다. 사무실에 앉아서 상산마을을 봅니다. 한 발 물러서니 동네가 조금씩 드러나더군요. 사진 속에는 제가 보지 못했던 것이 많이 있었습니다. 아니 제가 보기는 했지만 기억하지 못하는 것들이었습니다.

땅을 보고 있으면 애거사 크리스티Agatha Christie의 추리소설에 나오는 '미스 마플'의 이야기가 생각납니다. 『목사관의 살인』이라는 소설로 기억되는데 사건이 다 해결되고(물론 우리의 제인 마플이 기막힌 반전 끝에 사건을 다 풀어내고 나서), 내내 건방 떨며 미스 마플에게 경멸하는 듯한 태도를 보이던 형사가 풀이 죽어 미스 마플에게 물었습니다. "어떻게 처음부터 범인을 정확히 알고 있었나요?"

미스 마플은 살인사건만큼 동기가 뻔한 사건은 없다며, "나는 사건을 보면 바로 범인이 보여요"라고 이야기합니다. 그리고 설명을 덧붙입니다. "가령 글자를 처음 배우는 아이가 'apple'이라는 단어를 배운다면, 처음에는 철자 하나하나를 따로따로 인식하게 되지요. 즉, '애-프-을' 이렇게 읽고 그 다음에 '애플은 사과' 하면서 사과를 연상하는 식입니다. 그 다음 조금 익숙해지면 한 음절씩 '애-플'이라고 하면서 사과를 연상하고, 결국 익숙해지면 그 단어를 보는 순간 바로 사과가 연결되지요." 사건을 보면 범인이 바로 보이는 것도 그런 과정의 결과라며 한껏 잘난 척했던 대목이 생각납니다.

땅이 제게 던져주는 수많은 단서를 잔뜩 담아와 책상 위에 펼쳐놓고 퍼즐 조각을 맞추듯 하나씩 자리에 가져다 놓습니다. 금세 퍼즐을 맞추고 다음 일을 할 때도 있지만 어떤 때는 며칠을 붙들고 앉아 끙끙대기도 합니다. 그나마 퍼즐 조각은 완성된 그림을 앞에 놓고 하는 일이라, 제가 한 것이 맞는지 틀리는지 알 수 있습니다. 그에 비해 제가 하는 퍼즐 놀이는 다 맞추어놓고도 끝까지 불안해합니다. 집이 다 지어지고 나서야 알 수 있는 것이기 때문이지요.

땅
의
내력.

저는 땅을 좋아합니다. 하긴 땅을 좋아하는 사람은 많습니다. 땅을 좋아하는 사람들의 공통적인 이야기는 땅만큼 믿을 만한 것은 없다는 것입니다. 땅은 인간을 배신한 적이 없다고 합니다. 배신을 하지 않는 땅이란 '가치의 보전'이나 '가치의 증식'이라는 차원에서 말하는 땅입니다.

압구정동에서 농사짓던 사람이 갑자기 벼락부자가 된 이야기나 잠실에서 돈벼락 맞은 이야기는 곰이 마늘 먹고 쑥 먹으며 버티다 결국 인간이 되는 이야기보다, 동해의 용이 만파식적을 주어 세상의 근심을 잠재우는 이야기보다 훨씬 피부에 와닿는 신화로, 우리에게 많은 감동을 줍니다. 그리고 신화의 주인공들이 아직도 강 건너에 많이 생존해 있어 생생하기도 합니다.

저 역시 그런 이야기에 귀가 솔깃합니다만 천운이 따르지 않아 일찌감치 체념해버렸습니다. 다만 저는 땅의 '의연함'이랄지 안하무인의 당당한 자세를 좋아합니다. 인간은 땅을 정복하고 땅을 발아래로 내려다보는 줄 압니다만, 천만의 말씀입니다.

자연이 인간을 돌봐준 적은 없습니다. 다만 인간이 자연에게 바라는 것일 뿐입니다. 땅은 인간이 뿌린 만큼 거두게 해주는 정도의 아량을 베풀 뿐입니다. 그것도 땅에 납작 엎드려 길들여지며 순종해야만 베푸는 아량입니다.

사실 땅이나 땅을 포함한 자연은 자신의 운행에만 관심이 있습니다. 헤아릴 수 없는 많은 시간을 살아온 자연이 조금 전에 생겨나와 세상 무서운 줄 모르고 찰랑거리는 인간에게 무어 그리 큰 비중을 두겠습니까? 자연은 잔인합니다. 잠시 담아두기도 하지만 여차 하면 한숨 바람에 쓸어버리기도 합니다.

좋은 관계를 유지하는 방법은 단 한 가지입니다. 자연을 무서워하고 공경하면 그 관계는 아무 문제없이 돌아가는 것이고, 잠시 그 중요한 사실을 잊어버리면 인간은 사정없이 내던져질 따름입니다. 저는 땅을 대할 때는 벌벌 떨며 지뢰밭 한가운데에 들어선 것처럼 한 걸음씩 조심스레 옮긴답니다.

상산마을을 들여다보았습니다. 깊은 산속은 아니었지만 앞만 조금 터져 있을 뿐 나머지 세 방향은 산이 바짝 다가서 있

어서, 해라고는 오전 잠깐 오후 잠깐 얼굴만 비치는 궁벽한 산골 같은 마을입니다.

남과 북을 막고 있는 산들은 멀리 자리 잡고 있어 만져지지 않는 언덕인데 반해, 동서의 산들은 바로 코앞에 자리 잡은 기댈 수 있는 언덕이었습니다. 그리고 그 언덕에 기대어 그곳에 작물을 심기도 하고 오솔길을 만들어 같이 살고 있었습니다.

계속 동네를 가상 체험하듯 어정거렸습니다. 사진에 담긴 동네의 모습은 그날 눅눅한 더위에 취해 보지 못했고, 초록에 묻혀 보이지 않았던 것이 잔뜩 있었습니다. 집들이 일점쇄선처럼 연속된 흐름 없이 간헐적으로 띄엄띄엄 있었습니다.

희한하게도 동네에는 '중심'이 없었습니다. 동네라는 단위도 집처럼 입구가 있고 출구가 있으며, 그 중심이 있고 외곽이 있게 마련입니다. 그런데 이 동네에는 입구도 없었고 출구도 없었습니다. 더군다나 김 선생이 사놓은 땅은 마을 전체로 보았을 때는 중간에 있는 곳이었는데, 그곳에 서 있으면 중심이 아니라 구석으로 몰려 있는 느낌이었습니다. 그런 느낌은 그 동네의 어느 집이나 마찬가지일 겁니다. 특이한 동네였습니다.

이 땅의 내력이 궁금했습니다. 10년 전 혹은 100년 전, 더 멀리는 신라, 고구려, 뭐 그런 시대에 말입니다. 삼국시대로 말하자면 지리적으로는 세 나라가 맞붙은 변방이었을 것이고, 그 이후 고려와 조선을 거쳐 지금까지 우리나라의 중간 위치이지만, 심리적으로는 변방이나 다름없었을 겁니다.

산으로 가로막히고 교통이 불편해 외지인의 접근이 그리 쉽지 않았을 겁니다. 여기저기 뒤져보았으나 '산척'이라는 지명에 관계된 이야기는 찾을 수 없었습니다. 찾다 찾다가 항공사진을 한 장 보게 되었습니다. 커다란 산의 줄기가 흘러내리다가 끝나는 지점이었습니다. 흔히 그런 땅은 '대'가 세다고 합니다. 분명히 이곳은 한 번도 역사의 전면에 나선 적이 없었던 모양입니다. 이 동네는 어느 시대에서나 외곽이었고 마을의 집들도 모두 중심이란 없이 외곽에만 있었습니다.

중심에 있지 않다는 것이 어떤 의미인지 한참을 생각해보았습니다. 그런 환경이 사람에게 어떤 의미가 되는지도 생각해보았습니다. 보통의 경우 그런 환경에서 계속 살아간다면 일종의 '체념'이 생기지 않을까요? 아무리 노력해도 결국 변방의 삶이라면. 그것을 팔자로 치부해버린다면……. 그것을 극복할 수 있는 방법은 없을까요?

땅도 사람마냥 팔자가 있답니다. 고귀한 모습을 지닌 땅이 있고, 들풀처럼 생명력으로, 에너지로 충만한 땅도 있습니다. 그리고 눈물 바람 나오는 땅이 있는가 하면, 평생 물 한 방울 손에 안 묻히고 산 귀부인 같은 땅도 있습니다. 상산마을은 그런 시각으로 보자면 '들풀'류이고 '귀부인'류로는 경주 같은 곳을 들 수 있겠지요.

저는 이 핑계 저 핑계를 대어 1년에 한두 번은 경주에 꼭 갑니다. 경주에 가면 백화점처럼 한군데에서 천 년이라는 시간

의 단층을 구경할 수 있어 좋습니다. 기원전부터 거의 중세까지의 시간이 모여 있고, 신화들이 시내버스를 타고 경주를 활보하는 모습을 볼 수도 있습니다. 그 구경은 해도 해도 끝이 없고 아무리 돌아봐도 만나지 못한 시간이 더 많습니다.

제가 특히 경주를 좋아하는 것은 가는 곳마다 만나는 신화와 사뭇 다른 표정을 담고 있는 땅들 때문입니다. 경주 황룡사지에 가서 그 한가운데에 앉아 경주의 땅을 보십시오. "이렇게 편안한 땅이었으니!" 하는 소리가 한숨처럼 나옵니다. 경주에서 신라가 천 년을 유지한 이유가 한눈에 잡힌답니다. 진평왕릉은 어떻습니까? 그 허허로움과 범접할 수 없는 품위가 함께 있습니다.

경주는 평생을 고귀하게 살다가 죽어 털끝 하나 다치지 않은 상태로 곱게 보존되어 있는 고귀한 화석 같은 느낌을 줍니다. 지금 많이 망가지고 있다고는 하지만 다른 곳에 비하면 경주는 혜택 받은 곳입니다. 그것이 경주의 팔자였던 것 같습니다.

엉터리 같은 이야기를 하나 더 보탠다면, 지리산 천왕봉을 오르다 보면 '반천反川'이라는 동네가 나옵니다. 물이 반대로 흐른다는 뜻인데, 그런 지명의 연원은 알 수 없지만 무슨 이유가 있어 지어졌을 테고, 그 이름값 하느라고 그런 것은 아니겠지만 그곳에는 물을 뽑아 올리는 양수댐이 건설되었습니다.

공연히 쓸데없는 생각만 이어가고 있었습니다. 그리고 결

론도 내지 못하고 어떤 건축적 해결도 마련하지 못하며 한나절을 보냈습니다. 자리에서 일어서기 전에 사진을 한 번 더 보았습니다.

동네 사람들이 밟고 다녀 풀이 벗겨지고 흙이 드러나며 자연스럽게 생겨난 길이 보였습니다. 그 길은 마을 사람들의 통로이고 동네의 허리입니다. 담은 있으나 막기 위한 담이 아니고 '여기까지 우리 집입니다' 하고 선을 그어주는 담만 있는 동네였습니다.

낯설도록 조용하기만 한 동네에서 찾아낸 것은 현장에서는 보지 못했던, 남쪽에 있는 뾰족한 문필봉文筆峰이었습니다. 문필봉은 붓의 끝과 같이 생긴 산을 이르는 일반명사입니다. 공부하는 사람들이 방에 액자처럼 걸어놓고 보는 산입니다. 저 봉우리를 도서관에 걸어놓아야겠다고 생각했습니다.

집을 그리기 시작하다.

동네를 닮기 위해 동네를 담았습니다. 집을 관통하는 길을 만들었습니다. 집 지을 땅에 원래 길이 하나 있었습니다. 집이 약간 뒤로 물러앉으며 그 앞으로 난 길이었습니다. 그 길은 동네의 위와 아래를 연결해주고, 동네 사람들이 밭으로 혹은 산으로 다닐 수 있는 통로였습니다. 없어지면 조금 곤란한 길이었습니다.

저는 그 길을 김 선생 땅 안쪽으로 끌어들였습니다. 굳이 공치사할 일은 아닙니다만, 동네 사람들이 의아해하면서 좋아할 겁니다. 사람들은 김 선생 집을 관통하게 되고 집 안이 훤히 드러나게 되겠지요. 그러나 이곳에서는 그리 큰 문제가 아닐 것이라고 생각했습니다. 다만 집을 구성할 때 적당히 가려주는 장치를 사용하거나 사적인 침실을 안쪽으로 밀어넣어 해결할 생각이었습니다.

네모난 방들을 길 오른편 마당에 풀어놓았습니다. 할머니 방, 아이들 방, 김 선생 내외 방, 도서관, 거실, 부엌, 화장실 두 개. 바닥에 공깃돌을 깔아놓은 것 같았습니다. 도서관과 김 선생 내외 방을 2층으로 올렸습니다. 반 층 올라간 곳에는 할머니 방과 아이들 방을 놓았습니다. 그리고 1층에는 거실과 부엌을 놓았습니다. 이렇게 세 개의 레벨로 각 공간끼리 적당한 거리를 주었습니다.

그리고 모든 방을 남쪽으로 향하게 했습니다. 방에서 남쪽에 있는 먼 산이 적당한 거리로 들어올 겁니다. 저는 남쪽이 좋습니다. 기능적인 이유보다도 남으로 향한 방은 밝아서 좋습니다. 추운 겨울에 남쪽으로 난 창을 통해 들어오는 햇볕은 더더욱 좋습니다.

주 진입 방향은 동네에서 들어오는 북쪽입니다. 북쪽의 현관을 통해 들어오면 일직선으로 내부의 길이 남북으로 놓이고 그 길을 따라가면 계단이 나옵니다. 계단은 투명한 껍질을 씌웠습니다. 이 집으로 인해 동네의 동서 방향이 가로막히지 않도록 하기 위해서입니다.

이 집은 한가한 언덕배기에 앉아 있는 '세컨드 하우스'가 아니고 마을 한가운데에 있는 농가 주택입니다. 주민들과 어울려 살기 위한 방법을 생각하는 것이 중요했습니다. 그들과 심

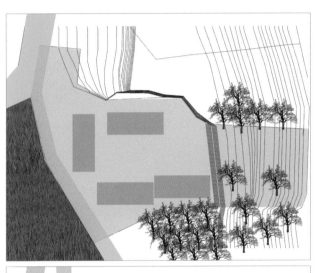

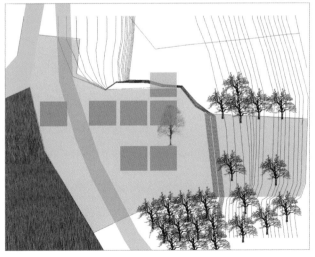

정적으로 어울리는 것은 김 선생의 몫이었지만, 고개 숙이고 들어가는 김 선생의 모습을 담는 것은 제 몫이었으니까요.

사랑채를 별채로 계획한 것도 그런 맥락에서였습니다. 사랑채는 집의 일부이지만 동네 쪽으로 열어놓아 낮에는 주로 혼자 계시는 할머니가 동네 사람들과 어울릴 수 있고, 손님이 오실 때는 굳이 집 안에서 복닥거리지 않고 서로 한가하게 이야기하며 시간을 보낼 수 있는 곳입니다. 그리고 사랑채는 동네와 집의 사이를 적당히 얼버무려주는 완충장치이기도 합니다.

사랑채는 동네와 집 양쪽을 향해 모두 문이 달린 두 개의 얼굴을 가지며, 형태도 이 동네에서는 다소 '육중한' 2층 건물 앞에 서 있는 단층짜리 아담한 집으로 만들어, 뒤에 있는 '거인'의 부담감을 덜어줄 수 있게 했습니다. 그렇게 해서 김 선생의 집은 우묵한 자루같이 동네 사람들이 지나다니다가 잠시 머무를 수 있는 곳, 동네의 광장이 되지 않을까 하는 생각도 했습니다.

대강의 덩어리가 결정되고 나서는 동네의 지붕 모양을 그대로 닮은 지붕을 얹었습니다. 지붕의 높이는 이웃한 담배 창고와 거의 비슷하게 만들어서, 이 동네에 들어올 때 한 쌍으로 보이도록 했습니다. 지붕의 모양과 높이가 비슷하니 새로 지은 집의 생경함은 많이 감소할 것입니다. 지붕의 박공면 안에는 도서관을 넣었습니다. 도서관은 책의 창고니까 서로 맥락이 닿는 듯하더군요. 설계의 텍스트는 바로 이 동네의 집들이

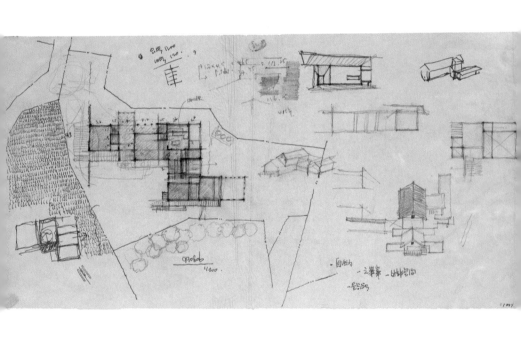

었습니다.

저는 사진을 옆에 놓고 계속 다시 보며 혹은 비슷하게 그려보며 흉내낼 거리를 찾았습니다. 우리가 무언가를 배우는 과정은 주로 '흉내내기'에서 시작합니다. 처음 말을 배우고 글을 깨치는 것도 그렇고, 화를 내는 것도, 슬퍼하는 것도, 심지어 어떤 상황에서 그에 대한 반응을 보이는 것도 사실 저절로 나오는 것이 아니라 학습에서 비롯되는 것입니다.

건축을 배우는 과정도 마찬가지입니다. 선배들의 작업을 옆에 놓고 베껴 보면서 하나씩 '수'를 늘려갑니다. 그리고 이후의 작업들도 '기댈 언덕'을 옆에 놓아야 안심이 되었습니다.

이번 일은 동네를 기댈 언덕으로 삼았습니다. 동네를 닮는다는 것은 단순히 표피를 모방하는 것과는 사뭇 다른, 그 내용과의 교감이라고 생각합니다. 오래된 집에 가서 기둥이나 마루를 손으로 쓸어볼 때 손이나 코로 전달되는 그 나무의 느낌, 시간의 저린 느낌처럼 대상을 직접 접촉할 때 전달되는 그런 느낌 말입니다.

문자로 전해지지 않는 것, 마음으로 전해지는 것. 땅에 한참을 서 있었고, 땅의 여러 모습을 그리고 물감을 입혀본 것은 땅과의 교감을 위한 수단이었습니다.

첫
번
째
보고.

8월이 거의 다 끝나갈 무렵이었습니다. 일이 시작된 지는 20일 남짓 되었습니다. 저는 계획안을 거의 정리했고, 모형도 두 개 정도 만들었습니다. 그 집 안주인 신 선생이 사무실로 오셨습니다. 그동안 그린 도면과 모형을 보여드렸습니다. 그리고 옛집을 한 채 복사해서 보여드렸습니다.

충남 논산에 있는 조선 중기의 학자 윤증 선생의 집이었습니다. 다른 사대부의 집에 비해 그리 큰 규모는 아니지만, 넉넉한 10칸의 대청과 다양한 마당, 그리 권위적이지 않은 모습이 참 좋습니다. 동네를 향해 열어놓은 너른 사랑마당과 이마가 반듯한 사람처럼 시원하고 유쾌한 안마당, 사당으로 들어가는 동쪽 마당은 엄숙하고, 곳간채를 끼고 있는 서쪽 마당은 실용적입니다. 그리고 장독이 얹혀 있는 뒷마당은 아늑합니다.

개인적으로는 오래된 집에 가면 늘 당하던 푸대접을 받지 않았던 몇 안 되는 집입니다. 오래된 집에 갈 때는 보통 사심 없이 학구적인 목적으로 가긴 합니다만, 도둑괭이처럼 살금살금 들어갔다가 "거, 뭐요!" 하는 소리에 쭈뼛거리며 뒷걸음질로 나오든가, 인사하고 정중하게 방문의 목적과 우리의 정체를 밝혔다가 "안 됩니다" 하는 소리를 듣고 뒤로 돌아 씩씩하게 나오든가 둘 중에 하나였습니다.

물론 제가 주인이라도 그렇게 할 것입니다. 전적으로 이해합니다. 저희 집에 시도 때도 없이 사람들이 들이닥쳐 사진 찍고, 이 방 저 방 문을 벌컥벌컥 열어본다면 못 참을 것 같습니다. 그러나 윤증 고택은 전혀 그렇지 않았습니다.

갑자기 들이닥친 저희 일행을 종갓집 맏며느리 되시는 주인께서 푸근한 미소와 함께 맞아주셨습니다. 사람들이 이렇게 사시장철 들이닥치는데 피곤하시지 않느냐는 질문에 "우리 집 찾아온 손님이니까"라고 간단히 답을 해주셔서 저희를 어리둥절하게 만드셨습니다.

더군다나 그 집도 동네에 사랑채를 내어놓고 사랑채 앞마당을 동네 마당처럼 만들어놓은 곳입니다. 사실 제가 가기 전에 사진이나 도면을 보고는 어느 정도 의심을 했습니다. 동네에 마당을 내어준 것이 아니라 동네에 군림하고 있는 것은 아닌가 하는……. 사실이 어떤지는 아직 모릅니다. 다만 그날

따뜻하게 맞아주신 주인의 미소로 인해, 제가 받은 그 집의 인상이 일거에 '동네를 향해 열어놓은 따뜻한 집'으로 되어버렸습니다.

저는 건물보다 그곳에 사는 사람의 친절에 감동을 잘 받습니다. 외암리 참판 댁에 가서 만난 종손 할아버지, 안동 닭실마을 권씨 종갓집 종손 할아버지 같은 분들에게 항상 감사한 마음을 가지고 있습니다. 그런 분들이 계셔서 조상이 더욱 빛나고 많은 시간이 지난 후에도 집이 생명을 유지하고 있다고 생각합니다. 제가 김 선생에게 윤증 고택을 보여준 것은 김 선생의 집도 동네를 향해 열어놓으라는 은근한 권고였고, 마당에 대한 생각도 전해주고 싶어서였습니다.

얼마 후 김 선생과 점심을 먹으며 제가 준비한 간략한 보고서를 보여드렸습니다. 그리고 김 선생에게서 시골 마을에 대한 이야기를 많이 들었습니다. 김 선생은 마을에 정착해 사는 것은 제가 생각하는 것보다 훨씬 복잡한 문제일 거라고 이야기했습니다. 단순히 집을 겸손하게 짓고 자신을 많이 내어준다고 해결되는 것이 아니라고 했습니다.

그 근처에 십수 년 전에 내려와 농사를 지으며 창작 활동을 하는 미술가가 있답니다. 그분은 작품 활동도 열심히 하지만 그만큼 농사도 열심히 짓고 인사도 열심히 한답니다. 그러나 아직도 '그곳 사람'이 되지 못하고 있답니다. 또한 윤증 선생과 자신은 다르다는 이야기를 했습니다. 동네를 향해 집을

열어놓기는 할 것이지만, 제가 제시한 방법에는 약간의 염려를 했습니다.

경험하지 않은 환경에 대해 상상으로 혹은 이성적 추론만으로 집을 설계한다는 것이 어렵다는 생각을 종종 합니다. 이 일도 그런 일입니다. '시골 동네-순박한 인심-마음을 열게 하는 장치.' 이런 식의 연상을 통해 문제를 단순히 일차원적으로 파악했던 것입니다. 바로 이런 문제가 저희를 딜레마에 빠지게 하는 일입니다. 모양을 아름답게, 공간을 극적으로 꾸미는 일보다 어렵습니다.

김 선생과는 그 문제에 대해 고민을 공유하고 있었습니다만, 해결 방안에 대해서는 뚜렷한 견해 차이가 있었습니다. 결국은 별채의 설정에 대한 문제로 귀결되었는데 별다른 결론은 없었습니다. 별채와 본채의 거리가 문제였습니다.

집 지을 곳은 마을 한가운데에 있으나 사과밭, 논, 집들로 둘러싸여 잘못하면 어둡고 축축한 곳이 될 수 있습니다. 그런 곳은 사람의 마음도 어둡게 하고 좋은 기운이 집으로 들어오지 못합니다. 밝고 반듯한 마당과 환한 재료를 써서 집의 표정을 밝게 해주고(양의 공간), 아늑하고 조용한 뜰을 안쪽에 배치해(음의 공간) 두 개의 기운이 조화를 이루도록 배려해야 합니다.

마을 쪽에서 집으로 들어갈 때, 동네에서 집이 너무 우뚝해 보이지 않게 높낮이를 적당히 조절하고 심리적인 경계로서 울타리만 나지막하게 만듭니다. 마당 쪽에서 집을 들여다보면,

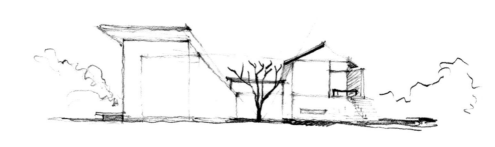

널로 만든 울타리, 마당과 계단실, 그 너머로 보이는 감나무가 여러 개의 시각적 켜를 만들고 있습니다. 그리고 사과밭은 마당을 어느 정도 한정하며 안정감을 줄 것입니다.

앞모습 못지않게 뒷모습도 중요합니다. 높이가 다른 세 개의 덩어리에 뾰족지붕 하나와 평지붕 두 개, 혹은 할머니 방 쪽도 뾰족지붕으로 할 것인지와, 뜰에 잔디를 심을 것인지, 흙과 적당한 크기의 화단으로 할 것인지 고려해보아야 합니다.

현관을 들어서서 거실 쪽을 바라보면 천장 높이의 변화로 거실이 상대적으로 높아 보입니다. 그리고 할머니 방 쪽으로 올라가는 계단실이 감나무 뜰과 마당에 면해 있어서 빛이 쏟아져 들어오고, 그 빛은 집에 들어온 사람의 눈길을 앞쪽으로 끌어내어 시각적으로 집이 깊어 보이게 합니다.

식당은 감나무 뜰에 면해 있습니다. 밝은 집이 좋습니다. 그러나 집 전체가 밝기만 하다면 안정감이 없습니다. 밝음과 어두움, 넓음과 좁음의 적절한 조화가 이루어진 집이 좋습니다. 아늑한 방과 넓고 밝은 가족 공용 공간을 만드는 것이 저의 계획입니다. 뒤뜰은 장독대와 흙집, 감나무, 사과나무, 뒤쪽 마을 산책로와 연결되고, 2층 안방, 1.5층의 할머니 방과도 연결되는 편안한 공간이 될 것입니다.

나
무
가
살린 집。

이 집은 요즘 각광받고 있는 나무집이나 흙 집처럼 숨을 쉬는 재료로 지어지지 않습니다. 왜냐하면 집을 지으려고 확보한 자금이 빠듯했기 때문에 집의 재료로 호사를 떨 수 없었기 때문이고, 김 선생도 그런 호사에 대한 미련이 없었기 때문입니다.

기껏 나무로 멋있게 목조 주택을 지어놓고 석고보드로 내부를 마감한다거나, 흙집이라고 힘들게 지어놓고 내부를 실크 벽지로 마감하면 그것이 무슨 소용이 있겠는가 하는 것이 김 선생의 생각이었습니다. 저 역시 숨 쉬는 집이란 내외부 공간이 서로 숨 쉬듯 호응하고 동네의 집들과 함께 호흡하는 집이라고 생각했습니다.

나무집, 흙집……. 묻혀 있던 집들이 되살아나고 있습니다. 그러나 지금 지어지는 나무나 흙으로 만든 집은 예전처럼 사람들이 편안하게 사용하는 평범한 재료들이 아닙니다. 주로 경제적인 여유가 있는 사람들의 과시용이거나 건강을 지나치게 염려하는 사람들의 심리적 위안으로서 집입니다. 집으로 인해 주인의 부가 과시되기는 하겠지만, '자연을 입힌' 부자연스러운 집입니다.

숨 쉬는 집의 환상도 내외부 재료의 불일치로 '숨'이 들어올 곳이 없는 밀폐된 집이라는 데서 여지없이 깨집니다. 외부는 나무로 만들었지만 내부는 석고보드나 공기를 차단해주는 재료로 마감되어 결국 집으로 들어오던 '숨'이 집 안에 거의 다 와서 돌아서게 됩니다. '무늬만' 숨 쉬는 집인 셈입니다.

흙집은 어떤가요? 우리나라의 옛집들은 대부분 흙으로 만든 집이었습니다. 흙집에서 자고 나면 몇 년 묵은 피로도 다 사그라진다고 합니다. 아직 보편화되지 않았지만 요즘 사람들의 '건강 밝힘증'에 딱 들어맞는 집입니다. 수요가 있으니 꾸준히 흙집을 시공하는 사람들도 늘어나고 있습니다. 그러나 흙집에 대해서도 다시 한번 생각해보아야 할 것입니다. 모든 사람이 몸에 좋다고 흙을 퍼낸다면 우리나라의 땅은 또 때 아닌 수난을 겪게 될 것입니다.

흙집이든 나무집이든 건강에 좋다고 하더라도 주변과 유리되고 일반의 수준과 유리된 과시용 집이 된다면, 그 집은 결

국 땅과 주위 사람들과 조화를 이루지 못한 '숨 막는' 집이 될 것입니다. 숨 쉬는 집이란 주위와 호응을 하고 공간끼리 호응을 하며 시대와 호응을 하는 집이라고 생각합니다.

이 집은 김 선생의 친구가 저렴한 가격으로 대주는 철골로 뼈대를 세울 것입니다. 그리고 샌드위치 만들듯이 얇은 철판을 두 겹 대고 그 사이에 5센티미터 두께의 스티로폼을 채워 넣은, 이름도 샌드위치 패널이라고 부르는 재료로 벽체를 세우고, 그 위에 드라이비트라는 뿜칠재로 마감할 것입니다. 내부는 석고보드를 치고 그 위에 도배를 할 생각입니다. 말하자면 건강에 좋은 재료들은 하나도 없습니다. 단지 김 선생의 현실적인 여건에 맞춘 재료들입니다. 그리고 어느 곳에서나 시공이 가능한 '이 시대의 재료'들입니다.

내부의 계단이나 외부의 마루는 김 선생이 근무하는 학교에서 버리려던 아카시아나무를 제재소에서 켜다가 겨우내 잘 말려서 판재로 쓸 거라고 합니다. 그 외에 철도청에서 그리 싸지 않게 사온 침목을 외부에 적당히 사용하고자 합니다. 사랑채는 김 선생이 직접 주변에 있는 공장에서 흙벽돌을 사다가 지어보겠다고 합니다. 가족과 친척과 친구를 모으고, 동네 사람들과 축대를 쌓고 공을 들여 철저히 수공예 작업을 하기로 했답니다. 축제가 될 것이라고 했습니다.

저는 집 주변으로 나무를 몇 그루 심을까 합니다. 나무라면 이 동네에 지천으로 깔린 것인데 굳이 심으려고 하는 까닭은 건물을 땅에 자연스럽게 앉히고자 할 때 가장 효과적인 수단이라고 생각하기 때문입니다. 새로 지어지는 집이 아무리 공들여 겸손을 부려도 금속 재료의 생경함과 날선 모서리가 쉽게 누그러질까 불안하기도 하고, 마냥 시간이 해결해주기를 손 놓고 기다릴 수도 없습니다. 나무들이 그 모서리를 조금 눌러주었으면 하는 바람입니다.

'나무가 살린 집'을 한 채 본 적이 있습니다. 오래전 종로구 화동 경기고등학교 자리에 만들어신 성독도서관에 시험공부 한다고 두 달 정도 다니던 때가 있었습니다. 그 당시 정독도서관 맞은편에 오래된 한옥을 허물고 아트선재센터라는 건물을 짓고 있었습니다. 공사가 거의 마무리되는 시점이었습니다.

그 동네를 아시는 분은 쉽게 이해하실 테지만 주위에 나지막한 건물들이 옹기종기 모여 있는 곳에 들어서는 하얀 돌건물, 그것도 한 5층 정도 되는 건물은 한적한 동네에서 느닷없이 고함을 고래고래 지르는 술 취한 건달 같았고, 〈고스트 버스터즈〉(1984년)라는 영화에 나오는 허연 괴물과 같았습니다(설계한 분에게는 죄송합니다). 건물 자체가 괴상하다는 이야기는 아닙니다. 단지 그 동네와 어울리지 않는 느닷없는 스케일이었기 때문에 그런 인상을 받았다는 이야기입니다.

거의 다 되었다 싶었는데 계속 만지고 있더군요. 설계한 사람도 저처럼 느꼈던 모양입니다. 돌 마감이 다 된 외벽을 뚫고 네모난 구멍을 하나 만들기도 하고, 모퉁이에 사람 눈높이

정도 되는 담을 두르기도 했습니다. 조금씩 나아지기는 했지만 생경한 맛은 영 가시지 않았습니다.

가방 들고 매일 그 앞을 아침저녁으로 지나며 연속극을 보듯이 흥미롭게 구경했습니다. 그러던 어느 날 모퉁이에 사괴석四塊石으로 쌓고 기와를 얹은 담 앞에 키가 훤칠한 소나무를 네 그루인지 다섯 그루인지 심더군요. 마지막 한 점의 바둑알을 놓는 것처럼 신중하게. 설계한 사람을 만나 물어보지는 못했지만 애초부터 그 자리에 나무를 심을 계획이 있던 것은 아니었던 것 같았습니다. 생경한 맛이 많이 가셔졌습니다.

'나무가 살린 집.' 저는 가끔 그 앞을 지나면 그 집을 가리키며 이렇게 부릅니다. 서로 화해하지 못하는 두 개의 고집 센 물건들 사이를 화해시켜주는 중간자로서 나무였습니다. 그리고 스케일도 완화시켜주었습니다. 창도 없고 허연 것이 몇 층인지 도무지 속내를 알 수 없는 무뚝뚝하고 뚱한 건물을, 더군다나 동네의 오밀조밀한 크기에 갑자기 덩치 커다란 거인 같은 놈이 엉덩이부터 밀고 들어와 앉아 있는 모습을, 나무들은 끌어내려주었습니다.

그렇게 집의 모퉁이와 땅과 집이 만나는 곳에 나무를 심고자 합니다. 들어오는 입구에도 나무를 심어, 들어오는 사람과 집이 만나는 곳을 완충시키고 싶습니다. 그리고 저는 나무와 집이 같은 나이로 성장하며, 그들의 영혼이 이 집에 사는 사람들을 잘 보살펴줄 것이라는 엉뚱한 기대를 하고 있습니다.

투
명
한

집.

당시 저는 서교동에서 일을 하고 있었습니
다. 그 동네는 제가 20년 가까이 낮의 시간을 보낸 곳이었습니
다. 동네가 변하는 모습을 항상 보며 아쉬워했는데, 낮에는 조
용하고 밤에는 들썩거리는 동네로 바뀌었습니다. 한때는 고급
주택이 밀집해 있는 동네였고 건축가들이 정성 들여 지은 집들
이 꽤 있었는데, 그 집들이 하나둘 사라지고 그 자리에 밋밋하
고 덩어리만 덩실한 건물이 들어서거나 '괜찮은 집'을 개조한
커피숍이 차곡차곡 채워지고 있었습니다.

저는 사무실을 열면서 밤에 일을 하지 않는다는 원칙을
세워놓은 터라 항상 부지런한 새처럼 아침 일찍 출근해서 해가
지는 시간쯤 집으로 들어가는 생활을 반복하고 있었습니다. 가

끔 손님이 와서 밤까지 있을 때나 밤에 그 동네에서 무슨 일이 벌어지는지 보았을 뿐입니다. 어쩌다 밤에 그 동네를 걸어다니다 보면 낯선 동네에 갑자기 뚝 떨어진 느낌이 들었습니다. 방문을 열고 나서니 이상한 나라로 한없이 떨어지는 앨리스처럼.

사람들은 불이 켜지면 나방처럼 그 주변으로 모여들었습니다. 기찻길이 없어지면서 생긴 공용주차장이 '나방'들의 차로 가득 채워지고 그 '나방'들은 어김없이 그 동네의 '매일'을 채웁니다.

20년이 아니라 더 긴 시간을 보내더라도 제가 아는 것보다 모르는 것이 더 많을 것입니다. 무엇을 안다는 것은 전체에 대한 이해가 전제되는 것인데, 때로는 부분만을 몇 개 취해서 그 인상만을 몇 개의 앨범에 수납하기도 합니다. 그리고 우연히 잡힌 인상이 대상에 대한 인식으로 굳어지는 것입니다.

제가 상산마을을 읽은 것도 그런 인식의 작용이었습니다. 그날 본 몇 가지의 기억과 사진을 보며 하던 생각들. 그 관념들이 화학 반응을 일으키듯 엉키며 작업의 주제 혹은 개념으로 만들어졌습니다. 그것의 객관적 타당성은 유보하고 다만 저의 작업이라는 주관적인 범위 내에서.

김 선생의 집을 짓는다는 것이 가지는 의미를 생각해보았습니다. 김 선생에게 이 집은 어떤 '활동'의 의미였지만, 저는 그 동네에 중심을 만들어준다거나 막힌 곳을 풀어준다는 의미를 부여했습니다. 다 죽어가는 환자 앞에서 결연한 의지를

다지는 인도적인 의사처럼 말입니다. 일이 저에게 허용해주는 한계 내에서 부리는 허영이었습니다.

집의 존재감을 줄이고, 집이 동네에서 통과되는 하나의 과정으로 설정되면 가능할 것 같다는 생각을 했습니다. 존재감을 줄인다는 것은 집을 투명인간처럼 보이지 않게 한다는 이야기는 아닙니다. 집의 여러 부분을 동네에 내어주고 그 공간을 동네 사람과 공유하게 하여 '경계가 없는 공간'을 만들어보려는 것입니다. 그러나 그런 생각은 집이라는 아주 사적인 영역과 부딪치며 상당히 곤혹스러워졌습니다. 그리고 그 성과에 대해서도 그다지 확신이 서지 않았습니다. 이 집이 동네 한가운데에 들어서면 뒷산이 가려지고, 동네를 가로지르는 길이 끊어질 것입니다.

집이 투명해졌으면 좋겠다고 생각합니다. 제가 말하는 '투명함'이란 안을 내비친다는 이야기는 아닙니다. 빛을 통하게 하는 것입니다. 빛은 존재의 형식이고, 투명함이란 두 개의 혹은 세 개의 존재를 만나게 하는 것이고 서로를 인식하게 하는 것입니다. 건축적으로는 공간과 공간이 끊어지지 않고 서로가 연결되는 것이라고 생각합니다.

우리나라의 건축이 '유기적'이라고 합니다. 저는 그 말을 집이 생물처럼 생성·발전하며 막힘없이 뚫려 있는 것이라고 이해하고 있습니다. 집을 살아서 자라는 생명체로 보았다는 것입니다. 그래서인지 우리 옛집들은 형태적 완결성보다 숨구멍을 터주는 것에 더욱 중요한 가치를 두었던 것 같습니다. 완전한 형태란 그야말로 극점에 다다른 형태이니 그 이상의 성장은 없을 것입니다. 항상 약간의 허술한 구석을 남겨놓는 우리의 조형 의식도 그런 생각에서 비롯된 듯합니다.

공간 역시 그렇게 취급했던 모양인데, 가령 네 개의 건물로 둘러싸여 있는 마당에 방향을 약간 틀어놓은 건물을 하나 배치해 틈을 열어준다든가 하는 식으로 말입니다. 비어진 틈으로 빠져나간 '숨'은 뒷산으로 가든가 그 다음 공간으로 이어져 나갑니다.

여주 신륵사에 가면 대웅전 마당과 다른 각도로 엇비슷하게 배치된 마당이 놓여 있습니다. 사람의 시선이 그 갸우뚱한 옆 공간으로 옮겨지고, 그 시선은 다시 언덕 위에 있는 보제존자 석종이 있는 햇살 가득한 마당으로 옮아갑니다. 마당들이 다른 각도와 다른 크기로 조화롭게 공존하고 있습니다. 윤증 고택의 여러 가지 색의 마당들도 모두 유기적인 조화 속에서 공존하고 있습니다. 예를 들기 시작하면 끝이 없습니다. 핵심은 여러 가지의 공간을 같이 모아놓고도 전혀 무리 없이 조화롭게 공존하게 만들어놓은 빛나는 '선조의 지혜'였습니다.

그들의 생각에는 돌, 바람, 산 등 모든 것 중 생명이 없는 것은 없었습니다. 심지어는 집까지도 생명이 있는 것으로 대했습니다. 집의 각 부분이 하나의 완결된 생명체로 치환되어 머리며 다리며 심장이며 각자 자기의 역할을 부여받았던 것이지

요. 각 부분이 소통이 되지 못하고 막힌다면 그것은 죽음과 다를 바 없었던 것입니다.

제가 생각하는 투명성이란 바로 그런 것입니다. 저의 스승은 한국 건축이고 우리나라의 땅입니다. 저는 그것들을 믿고 따릅니다. 두 개의 층이 서로 유기적으로 연결되고 각 공간이 유기적으로 연결되는 것, 그리고 내부와 외부가 서로 비추며 공존하는 것이 저에게는 이번 설계의 핵심이었습니다.

연결의 방법은? 세 개의 레벨을 계단실이라는 매개물을 통해 봉합했습니다. 계단실은 거실에서 이어지는 연속적인 풍경을 담고 있습니다. 그리고 건물에 가로막힌 양쪽의 외부는 투명한 계단실을 통해 연결하고자 합니다. 또한 두 개의 방이 붙은 부분을 집에 둘러싸인 중정에 의해 엮이도록 할 심산입니다. 영화에서 개개의 장면을 이어주기 위한 연속성(콘티뉴어티)의 장치가 중요하듯 각 공간을 연결하기 위한 나름의 도구를 생각해보았습니다. 매개가 필요하다고 생각했고 저는 그 매개를 이 집을 둘러싸고 있는 풍경들이라고 생각했습니다.

그렇습니다. 이 집을 둘러싸고 있는 자연 혹은 그 자연을 일정한 형식으로 엮은 풍경이 여러 개의 공간을 줄줄이 꿰어주는 실糸로 쓰일 것입니다. 독자적으로 존재하는 각 부분이 잘 이어질 수 있도록 연결 부분에 바깥의 풍경을 끌어들였습니다.

마
당
과

풍
경.

방으로 산이 들어오고, 논이 들어오고, 사과
밭이 들어오고, 동네 골목이 들어옵니다. 그 풍경은 창문틀이
라는 액자에 끼워져 들어옵니다. 거실에서는 남쪽으로 마당이
보이고, 논이 보이고, 멀리 산이 보입니다. 계단실에서는 옆으
로 보이는 마을이 걷는 속도와 비슷하게 같이 걸어갑니다.

할머니 방에서는 적당히 자라는 사과나무가 낮은 담처럼
보이고, 그 너머로 멀리 산의 흐름이 보입니다. 아이 방에서는
동쪽 언덕 마당에 서 있는 늘씬한 소나무가 보입니다. 도서관
에서는 문필봉이 보이고, 댐과 담배 창고가 일직선으로 흘러갑
니다. 각 방에 설정된 풍경들은 모두 다른 성격의 것으로, 방마
다 다른 이름을 가진 것 같습니다.

'마당이라는 여백'을 통해 우리 옛집들은 적당한 거리를 유지하고, 시선을 적당히 분산시킵니다. 대청에 앉아 집안일을 모두 관장하고 있는 할머니가 보는 마당, 팔자 편한 바깥어른들의 사랑마당, 즐거울 일 별로 없이 부엌에서 일하는 며느리가 보는 마당, 엄숙하게 사당으로 가는 길목에 있는 사이마당 등.

양반의 집에서만 그런 공간적 호사를 누린 것이 아니라, 규모나 형태에서 약간 작았겠지만 일반 서민의 집에서도 적당한 여백을 반드시 포함시켰습니다. 육간대청 앞의 네모반듯한 마당은 아니더라도 집의 주위를 빙 돌아 여기저기 알뜰살뜰한 마당을 포진해놓았지요.

이 집에서도 적당히 뿌려진 마당을 통해 가족 간의 적정한 거리를 유지시키고, 이웃과도 적정한 거리를 유지시키자고 했습니다. 사방에 흩뿌려놓은 마당은 가족들을 적당히 통합하기도 하고 분리하기도 했습니다.

여백은 채워질 수 있다는 가능성이 있는 곳입니다. 그리고 쉴 수 있는 가능성을 주는 곳입니다. 사람은 때로 서로 다른 곳을 바라볼 때도 있어야 합니다. 같이 살기를 원하지만 그런 욕구만큼 혼자이기를 원하기 때문입니다. 마당은 가족에게 자신의 공간을 주기도 하고, 눈 둘 자리를 제공하기도 하고, 적당한 거리를 유지시키기도 하는 유용한 공간이 됩니다.

마당을 다섯 개로 구성했습니다. 음과 양이 교차하고 순환하는 공간을 생각했습니다. 안마당, 사랑마당, 사과마당, 부

엌마당, 언덕마당으로 나누었습니다. 각 마당은 건물의 내부와 병치되는, 각자 성격이 다르고 적절한 내용을 담고 있는, 차원이 다른 또 하나의 개별 공간입니다.

안마당은 집의 중심입니다. 네모반듯하고 이마가 환한 집이 되기 위해서 거실이 외부로 확장되는 곳이고 거실에 앉아 있는 사람들의 시선이 머무는 곳이 될 것입니다. 사랑마당은 동네를 향한 마당입니다. 이 마당은 집을 관통하는 동네의 길이기도 합니다. 손님이 들어오기 전 잠시 숨을 고르는 곳이고 동네 사람들이 지나가다가 잠시 앉아 집안일을 간섭하는 곳입니다.

사과마당은 할머니 방에 만들어진 마당입니다. 안마당·사과밭·언덕마당·집의 완충 역할을 하고, 사과밭에서 일하다 흙 묻은 신을 신고 툇마루에 걸터앉아 잠시 쉬는 곳입니다. 그리고 할머니가 방문을 열고 바깥을 바라보는 곳입니다.

부엌마당은 예전의 뒷마당 역할을 하는 곳입니다. 장독대가 놓이고 화단이 만들어지고, 크고 작은 부엌살림들이 잠시 놓이고, 연기 많이 나는 고기를 굽거나 김장을 하는 곳입니다. 언덕마당은 집에서 제일 높은 곳에 있는, 풀이 우거지고 동쪽 동네의 허파와 맞닿는 곳입니다.

두
개
의
속도。

상산마을에 내려와도 김 선생의 생활은 여전히 빠르게 움직일 것입니다. 김 선생은 고여 있기 위해, 천천히 살기 위해 시골로 내려오는 것이 아닙니다. 물론 가끔씩 농사일을 하겠지만 근본적으로는 전업 농부가 되는 것은 아닙니다. 자연과 상당히 가까워지겠지만 김 선생의 관심은 사람입니다. 사람을 키우는 일이 그의 직업입니다. 척박한 토양에서 비료를 쓰지 않고 좋은 작물을 만드는 것을 고심하듯, 김 선생의 관심도 교육에서 하는 유기농법입니다.

빠르게 움직이는 김 선생과 천천히 움직인다기보다 아예 서 있는 것처럼 보이는 시골의 속도를 어떻게 조화롭게 만나게 할 것인가? 시골을 지나다니다가 단지 몇 번 접해본 것이 전부

인 저에게는 그 '시골의 속도'라는 것은 알기 힘든 것이기도 했습니다. 두 개의 속도인 매혹적인 속도와 과거의 속도. 과거에 대한 사람들의 집착은 집요한 데가 있습니다. 시골을 과거와 동일시합니다. 그러나 그것은 시골의 본질이 아닙니다.

저는 전원 예찬론자가 아닙니다. 사실 도시 예찬론자에 더 가깝습니다. 도시는 저에게 아주 매혹적인 대상입니다. 저는 도시를 보며 자랐고 그 속도에 길들여져 있는 사람입니다. 저도 언젠가는 시골로 내려가겠노라고 책임 없이 이야기하기도 합니다만, 그것은 말뿐이고 저의 생각이나 행동은 도시에서 한 발걸음도 떼어놓지 못합니다. 그리고 제가 아는 모든 것은 도시의 아스팔트 위에 펼쳐진 텍스트를 통해서 얻은 것뿐입니다.

저의 딜레마입니다. 두 개의 대척점 사이에서 혼란을 겪고 있었습니다. 저를 키워오고 저를 담았던 그릇이 언젠가 한 순간에 와르르 무너져내릴 것이라는 불안감이 있습니다. 제가 자라온 도시의 속도와 시골의 속도를 타협이 가능한 지점에서 나란히 놓고 싶습니다.

상산마을의 속도는 우리가 느낄 수 없을 정도로 잘게 미분된 시간 속에서 움직입니다. 아무도 눈치챌 수 없이 천천히 움직이고, 가고자 하는 방향을 알 수도 없습니다. 김 선생은 빠른 속도를 가지고 있습니다. 그리고 시골의 속도가 그리워 찾아가는 것이 아닙니다.

두 개의 속도는 평행선처럼 나란히 놓입니다. 제가 생각한 것은 고작 동네를 향한 면과 동네에서 감춰진 면에 대한 것입니다. 김 선생의 속도는 동네 사람들에게 보이지 않는 곳으로 빼돌렸습니다.

봄을

기
다
리
는

동안.

　　　가을이 지나가고 겨울이 다 가도록 집을 조
금씩 만져 나갔습니다. 김 선생과는 전화로 혹은 서로 오고가
며 이야기를 나누었습니다. 해가 바뀌기 전에 다시 상산마을에
갔습니다. 그곳은 해가 빨리 떨어지더군요. 5시도 되기 전에
서쪽으로 바짝 다가선 산 뒤로 해가 그냥 꼴깍하며 넘어가버렸
습니다. 해 떨어진 뒤에 묵직한 추위가 왔습니다. 망치, 아니 커
다란 주먹으로 온몸을 때리듯 추위는 옷 틈으로 들어오는 것이
아니라 옷 위로 충격을 가했습니다.

　　　김 선생과 둘이서 줄자를 늘어뜨려 다시 집 주변의 길이
를 재었습니다. 완강했던 초록은 없었고 겨울의 을씨년스러움
이 동네에 번지고 있었습니다. 여름에는 일로 바쁘고 겨울에는

나무처럼 자라는 집

술로 바쁘답니다. 이래저래 이 동네에는 사람이 없었습니다.

새 천 년이 시작된다고 세상은 들썩거리고 있었고 경기는 그리 좋지 않았습니다. 건축 경기 또한 마찬가지였고 크리스마스캐럴도 들리지 않았습니다. 집에 플라스틱으로 만든 크리스마스트리를 사다 조립해놓고 불도 깜빡였지만 그다지 흥이 나지 않았습니다.

이 집을 설계하는 일도 저를 흥분시키지 않았습니다. 이 집을 생각하는 동안 저는 매우 평온했고, 집도 편안하게 앉아 있을 것이라고 생각했습니다. 집의 모양이나 재미있는 구석보다는 사치스러워 보이는 부분을 숨기기에 열중했고, 여기저기 숨구멍을 뚫어주는 일에 열중했습니다.

시공할 사람을 정했습니다. 대구에 사는 김 선생의 장조카 되는 젊은 사람이었습니다. 그 사람은 인테리어 시공을 주로 했고, 집을 신축하는 일은 처음이라고 했습니다. 같이 저녁을 먹으며 전의를 불태웠습니다. 그 무렵 김 선생은 순종 진돗개를 하나 얻어와 복돌이라는 이름을 지어주었습니다. 태어난 지 한 달 정도 되는 귀여운 강아지였습니다. 새로 짓게 되는 집과 나이가 동갑입니다.

꽃 피는 봄이 되고, 땅이 말랑말랑해지면 집을 앉히자고 합의했습니다. 그러던 중에 문제가 생겼습니다. 할머니가 화장실에 가려면 계단을 반 층 내려가야 하는 것이 싫으시다는 것이었습니다. 할머니의 방 옆에 화장실을 하나 더 만드는 것도

생각해보았지만, 화장실을 세 개나 만드는 것은 좀 무리였습니다. 할머니를 설득해보기도 했지만 저도 여든을 목전에 두신 분이 반 층을 오르내리는 것은 아무래도 힘드실 것이라는 생각이 들었습니다.

그동안 생각해왔던 것을 바꾸는 것은 그리 쉽지 않았습니다. 하지만 설계안을 바꾸었습니다. 세 가지의 중요한 설정을 없애야 했습니다. 계단실을 매개로 한 1층, 1.5층, 2층 세 개 레벨의 통합과, 방들을 모두 남향으로 하고자 했던 저의 아집을 꺾어야 했습니다.

그리고 동쪽 언덕과 집의 자연스러운 연결이 끊어지게 되었습니다. 말하자면 남쪽으로 빼놓았던 덩어리를 본체에 바짝 붙여야 했습니다. 그래서 김 선생은 누마루처럼 덩실 올라앉은 할머니 방 하부에 창고를 만들려던 계획을 포기해야 했습니다.

그러나 장점도 있었습니다. 사과밭으로 바짝 다가서 있던 집이 사과밭과 일정한 거리를 두게 되었습니다. 집의 앉음새가 한결 편안해졌고, 외부 공간이 훨씬 여유로워졌습니다. 없어진 투명한 계단실 대신 복도 상부에 천창天窓을 달았습니다. 사이마당이 없어져서 집에 들어올 때 시선의 여유가 없어진 것이 아쉬웠지만, 무리한 것을 없애니 마음은 훨씬 편했습니다.

그동안 시공자는 여기저기 자료를 찾아보며 철골 집에 대한 공부를 했고, 충주며 제천을 다니면서 일 잘한다는 사람

들을 알아보았습니다. 김 선생은 나무를 얻어다 켜고 말리고,
침목을 사다가 손 다쳐가며 쌓아놓고 봄이 되기만 기다렸습니
다. 저는 도면들을 마저 그렸습니다.

집
을

짓
기

시작하다.

4월이 되었습니다. 새 천 년이 되었지만 아무런 일도 일어나지 않았습니다. 공연히 부탄가스 장사만 재미를 보았습니다. 천 년 전에도 세기말의 공포가 있었다고 합니다. 천 년 후 또 한 번 그 바람이 불겠지요. 광화문에서는 화려한 잔치가 있었습니다. 이순신 장군 동상 앞에서 수만 명의 인파가 모여 환호를 하는 가운데 아무런 공포가 없는 새해가 슬그머니 왔습니다.

그리고 봄이 오고, 공사가 시작되었습니다. 지을 자리에 있던 집을 철거했습니다. 중장비가 들어가 팔 몇 번 휘두르니 한순간에 허물어졌습니다. 짓기는 힘이 들었겠지만 무너지는 것은 한순간이었습니다. 그 집을 지은 사람이 와서 본다면 눈물 바람 했을 것입니다.

　　장호원을 지나 상산마을 가는 길에는 나무들이 길가에 환하게 피어나고 있었습니다. 땅이 제 색깔을 온전히 드러내는 시간이었습니다. 여름에는 풀에 덮이고 가을에는 나뭇잎에 덮이고 겨울에는 추위에 덮여 땅은 속살을 드러내지 못합니다. 물기를 적당히 머금은 땅은 불끈거렸습니다. 주체하지 못하고 불끈거리는 피가 도는 땅이었습니다. 옛집을 걷어낸 곳의 땅도 붉은 속살을 드러내고 있었습니다.

　　충주에서 왔다는 목수 두 명이 목장의 울타리 같은 규준틀을 설치하고, 도면대로 '여기는 방, 저기는 거실' 하면서 횟가루를 뿌려 기초 앉을 자리를 만들고 있었습니다. 철골 공사를 해주기로 한 팀과 저희 사무실에서 간 저와 윤하영 씨, 김 선생과 시공자 모두 빈 땅이 된 자리에 서서 각자 머릿속에 집을 짓고 있었습니다. 흰색 횟가루로 구획된 방에 들어가 밖을 내다보았습니다. 이 방 저 방을 옮겨다니며 풍경을 감상했습니다.

　　복숭아나무가 그렇게 예쁜 줄은 그날 처음으로 알았습니다. 동쪽 언덕 위에 있던 늙고 구부러진 나무가 복숭아나무였습니다. 죽은 줄 알았던 그 나무가 나도 여기에 있었다며 저희에게 자신을 드러냈습니다. 연한 분홍색 꽃망울을 터트리고 있는 복숭아나무는 눈이 부셨습니다. 사과밭에서도 사과나무들이 꽃을 피우고 있었습니다. 동네 구석구석 나무들이 환호성을 지르고 있었습니다.

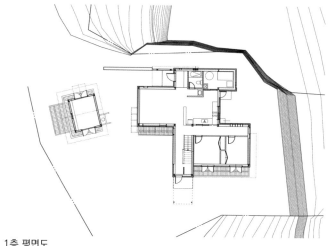

1층 평면도

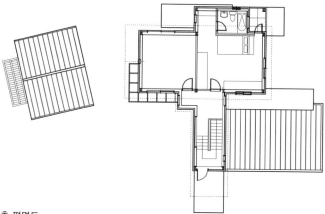

2층 평면도

건물의 잔해 속에서 마지막 생존자 구들장들은 한구석에 웅성웅성 모여 있었습니다. 그 위에 발을 얹고 눈살을 찌푸리고 햇볕을 쬐었습니다. 정말 좋은 봄볕이었습니다.

집 뒤쪽에는 우물이 하나 있었습니다. 우물은 이제 필요 없습니다. 그 대신 땅에서 나오는 지하수를 수도로 받아먹으면 됩니다. 두레박을 내리고 물을 퍼서 집 안으로 들고 들어오는 수고 대신 집의 어디에서건 레버만 당기면 됩니다.

거리가 짧아졌습니다. 땅속과 사람의 속은 이제 레버를 통해 연결됩니다. 우리 모르게 땅속에, 공중에, 공기 중에 엮어져 있는 선들이 세상의 거리를 줄이고 있습니다. 우리는 그 짧은 거리에 만족해하고 있습니다.

서울에서 제주도가 신문 한 번 읽는 사이 연결됩니다. 세상이 줄어드는 만큼 우리와 우리를 둘러싸고 있는 모든 것은 점과 점으로 존재하게 됩니다. 출발지와 도착지만 존재합니다. 그 사이의 경유지는 의미가 없습니다. 바다 한가운데 점점이 박혀 있는 섬들처럼 사람들은 익숙한 항해사들이 바다 위에 마음으로 그어놓은 선들에 의해 연결됩니다.

우물은 이제 필요가 없습니다. 우물은 한밤의 달을 담을 필요도 없고 떨어지는 돌맹이를 동그라미로 받을 필요도 없습니다. 민속촌의 마당에 박제로 남아 있습니다. 우물은 땅속을 달리고 있는 물의 길 위에 있습니다. 흙으로 메우면 그 길이 막힌다고 합니다. 길이 막힌 물들은 다른 길을 찾게 되고 그 길이 집 안으로 들어오면 사람들이 무서워하는 수맥이 된답니다.

돌을 채웠습니다. 성근 돌 사이로 물들이 계속 지나가게 하고 그 위를 흙으로 살살 덮었습니다. 물이 화를 내지 않고 운행을 계속했으면 좋겠습니다. 그어놓은 횟가루를 따라 땅을 파고 거푸집을 세우고 철근들을 심었습니다. 사람들이 구덩이에 옹기종기 머리를 부딪칠 듯이 모으고 가로 세로로 열심히 철근을 엮었습니다. 한구석에서는 논 쪽으로 허물어진 축대를 다시 정리하고 있었습니다.

뼈대를 앉히기 위한 기초를 현장에서는 '방석'이라고 부릅니다. 집이 깔고 앉는 방석이라는 뜻입니다. 그전에는 건물의 기둥이 앉을 자리에 웅덩이를 파고, 자갈이나 모래를 채워넣거나 흙을 다지며 채워넣었는데 요즘은 콘크리트를 부어넣습니다. 레미콘 트럭 몇 대 왔다 가면 끝납니다. 자연 친화적이지는 않지만, '시대 친화적'이랍니다. 시대가 요구하는 것이 능률과 경제성 아닙니까? 선택의 여지도 별로 없습니다.

철근 위에 콘크리트를 부어넣었습니다. 며칠을 말리니 방석이 아니라 땅 위에 하얀 매트리스를 깔아놓은 것 같았습니다. 다시 며칠이 지나고 공장에서 이미 도면대로 재단된 쇳덩이들이 실려왔습니다. 그 쇳덩이들은 빨갛게 녹막이칠이 되어 있었습니다. 쇳덩이들은 일주일도 안 되는 시간에 집의 모양대로 세워졌습니다. 동네 사람들은 집을 저렇게 짓는 것은 처음 보았다며 혀를 끌끌 찼습니다.

그러나 사실 철골로 집의 뼈대를 세우는 것은 우리의 옛 건축 방식과 상당히 유사한 방법입니다. 우리의 옛 방식이란 나무를 짜나가며 집의 골격을 만드는 가구식架構式입니다. 뼈대를 조립하는 방식인 셈입니다. 그러나 쉽게 구할 수 있는 재료의 추이에 따라 벽돌로 쌓아나가는 조적식組積式이 쓰이다가 요즘은 콘크리트로 기둥, 벽, 지붕을 일체로 만드는 방법이 흔히 쓰입니다.

철골 구조는 장점이 많습니다. 우선 공사가 간편하고 빠르며, 구조체가 한 몸으로 되어 있지 않아 지진에도 강합니다. 철거가 편하고 어느 정도 재활용도 가능합니다. 그러나 철골 구조의 치명적인 단점은 가격이 비싸다는 데 있습니다. 철근콘크리트 구조의 1.5배가 넘습니다.

그러나 "감사 덕분에 비장 나리 호사한다"는 말처럼 김 선생은 친구 덕에 거의 원가에 철골로 집을 짓게 되었습니다. '탄탄 구조'라는 회사인데 이름값 한다고 탄탄하고 날씬하게 빈 땅에 집의 뼈대를 올려주었습니다.

집을 지을 때 보면 전체 과정에서 뼈대를 완성했을 때가 가장 아름답습니다. 욕심이 들어가지 않은 본연의 모습이라서 그럴지도 모릅니다. 그 위에 살을 붙이고 눈을 붙이고 머리를 얹으면서 집은 명청해지기 시작합니다. 사람이 나이가 들면서 얼굴과 몸에 욕심이 들어가 둔해지고 탁해지는 것처럼, 집도 순수한 골격 위에 사람의 욕심이 덧붙으면서 점점 탁해집니다.

껍데기를 씌울 때 건축가의 실력이 드러납니다.

　구제역이 한창 기승을 부릴 때라 상산마을 가는 길 몇 군데에서 소독약 샤워를 해야 했지만, 날씨가 좋아서 일은 거칠 것 없이 진행되었습니다.

여
름
동안.

굵은 뼈대 위에 얇은 뼈대가 덧대어집니다. 얇은 뼈대는 샌드위치 패널을 고정하기 위한 것입니다. 시공자 와 그 동생과 동생 친구 두 명이 가세해 넷이서 샌드위치 패널 을 붙이고 있었습니다. 왁자지껄한 기계들은 없었고, 한구석에 차곡차곡 쌓아놓은 철판들을 젊은이 네 명이 잡아주고 고정하 면서 집을 만들고 있었습니다. 그들은 땀을 뻘뻘 흘리며 경건 하게 작업을 하고 있었지만, 제가 보기에는 장난감 집을 짓는 것처럼 쉬워 보였습니다.

6월이었지만 그리 덥지 않았습니다. 곧 장마가 들겠지만 지붕을 덮어놓았으니 걱정 없었습니다. 안으로 들어가 창문의 위치를 보았습니다. 예정대로 각 방에는 다른 산들이 하나씩 배정되었습니다. 남쪽으로 뻗은 수평으로 긴 창문에는 마을의 지붕과 산이 담기고, 계단참에서 2층 발코니로 나가는 문 위의 창에는 뾰족하게 솟아 있는 남쪽의 산봉우리가 액자의 그림처럼 담기고, 도서관 북측 창에는 댐과 담배 창고와 그 위로 솟은 산이 담겨 있었습니다.

다만 부엌 창의 모양에 대해 의견이 분분했습니다. 부엌을 주로 사용할 신 선생의 의견에 따르기로 했습니다. 제가 만들었던 설계 안에서는 수평으로 긴 창이있는데, 신 선생은 부엌으로 동쪽에 있는 큰 소나무가 다 들어오도록 키가 큰 창을 원했습니다.

동쪽 언덕 위에 있는, 프레임만 남았던 비닐하우스 위에 그늘막을 덮어 공사 장비를 보관하는 임시 창고로 쓰고 있었습니다. 다만 집과 동떨어져 있는 동쪽 언덕이 마음에 걸렸습니다. 언덕 위에 걸쳐지던 덩어리가 계획을 바꾸면서 본채에 합쳐지게 되자, 그리 되었던 것입니다. 언젠가 동쪽으로 집이 자라나며 다시 만날 것이라고 생각했습니다. 허연 벽들이 들어서니 이제는 점점 마음의 부담이 되기 시작했습니다. 논에 물이 들어와 호수 같았고 주변의 초록이 다시 짙어지고 있었습니다.

새벽에 출발하면 상산마을까지 2시간 남짓밖에 걸리지 않습니다. 그리 긴 시간이 걸리는 것은 아닌데 현장에 자주 가지 못했습니다. 전화로 일의 진행을 챙기고, 기껏해야 일주일에 한 번 갔습니다.

그 사이 작업하는 사람들, 특히 첫 아이를 낳은 지 얼마 되지 않은 시공자는 무척 고생을 했습니다. 해 지면 텔레비전 보는 것 외에는 할 일이 별로 없는, 산에 가로막힌 마을에 갇혀 살았습니다. 처음에는 분야별로 일하는 사람에게 나누어 맡기고 감독만 한다더니 결국은 기초 앉히고 골격 세우는 일 외에는 목수도 하고 조적공도 하고 모든 공정을 거의 떠맡아 하고 있었습니다.

김 선생도 잔소리 들어가며 학교 끝나면 달려들어 일을 거들었습니다. 한번은 쌓아놓은 샌드위치 패널 철판에 다리를 다쳐 여러 바늘을 꿰매기도 했습니다. 그러나 열심히 일을 배워 어느 정도 괜찮은 '도우미'가 되어가고 있었습니다.

들어가는 초입에 사랑채가 황토색 흙벽돌로 지어졌습니다. 김 선생은 처음부터 사랑채만큼은 흙집으로 꼭 짓겠다고 말해왔습니다. 그렇게 일찌감치 '찍어'놓았던 작업이어서 남에게 주지 않고 자신이 직접 쌓아올린 것입니다. 이 집에서 김 선생이 만든 첫 '작품'이었습니다.

그동안 사연이 많았습니다. 특히 먼저 얹어놓은 지붕은 고정이 된 상태에서, 동네와의 관계 운운하며 마루만 이리저리 옮기다 보니 지붕과 몸체가 그리 조화롭지 않았습니다. 방향도 본채와 평행하게 앉혀놓았던 것을 집 자리를 잡는 과정에서 마당의 모양을 고려해 옮기다 보니 애초의 방향에서 조금 틀어졌습니다. 그리고 조그만 화장실을 붙였다가 다시 떼었습니다.

그렇게 지어진 사랑채는 제가 그려주었던 도면과 사뭇 달랐습니다. 동네에 면한 벽은 창문 하나 달린 채 닫혀 있었습니다. 집의 방향이나 마루의 위치는 여러 번의 상의 끝에 변경이 되었지만 그 면은 꼭 열어놓기로 이야기되어 있었는데, 동네 사람들이 와서 이곳 추위를 이야기하며 양쪽이 모두 문이면 겨울에 너무 춥다고 창으로 바꾸라고 조언을 했답니다.

일을 하다 보면 직접 일하는 사람보다 참견하는 사람이 많아질 때가 종종 있습니다만, 그 이야기를 다 들으면 일이 진행되지 않습니다. 적당히 무시해가며 일을 진행해야 하는데, 사실 김 선생도 사랑채의 문을 동네 쪽으로 열어놓는 것은 그리 탐탁지 않았던 모양입니다. 저와 김 선생의 유일하고 해묵은 의견 차이가 있던 부분이었습니다.

저는 사랑채에 많은 의미를 부여하고 있었고, 상당히 집착하고 있었습니다. 이 작업의 성패는 사랑채에 몽땅 달리기라도 한 것처럼 말입니다. 모두 이상하다고 했지만 저는 김 선생에게 문을 다시 달자고 이야기했습니다. 대부분의 살림을 하는 내부는 안쪽에 '교묘히' 감추어져 있으니 사랑채 하나 열어놓는다고 큰 문제가 생기는 것은 아닐 것이라고, 김 선생에게 당부했습니다.

공사하는 과정에서 생략되고 변경된 것이 몇 개 있었지만 내부도 별다른 문제는 없었습니다. 내벽 또한 건식 공법으로 시공했습니다. 다만 2층 안방에서 동쪽 마당으로 열릴 계획이었던 베란다가 방으로 편입된 것이 조금 아쉬웠습니다. 베란다로 향하며 전면 유리로 하기로 했던 문도 창으로 바뀌었습니다. 그렇지 않아도 동쪽 구석은 동떨어져 있었는데, 문이 창으로 바뀌면서 그런 느낌이 더욱 강해졌습니다.

　문은 바깥과 직접 소통이 가능하지만(물리적으로나 심리적으로나), 창은 바깥과의 직접적인 소통이 되지 않습니다. 서로 피동적인 관계가 되는 것이지요. 베란다를 통해 계단을 놓고 그것을 통해 동쪽 언덕으로 갈 수 있었는데 막혔습니다. 방이 훨씬 넓어지기는 했습니다. 안방과 도서관을 서로 바꿔버렸습니다. 용도가 바뀌니 처음 계획했던 것과 느낌이 사뭇 달라졌습니다.

집
이
자
라
기
시작하다.

      2000년 8월이 되었습니다. 벌써 김 선생 댁 식구들이 이사 왔습니다. 외부는 아직 마무리가 안 되어 있었지만, 내부 마감을 하고 짐을 풀어놓고 살고 있었습니다. 벽지와 장판지를 말리느라 한여름에도 난방을 하고 있어 무척 더웠습니다. 심야 전력을 쓰는 전기보일러는 철골을 세우자마자 들여놓았는데, 덩치가 커서 방을 하나 통째로 차지하고 있었습니다. 보일러실에 덧붙여 창고를 만들었습니다.

      화장실 변기가 제자리에 앉아 있었고, 타일이 깔렸고, 싱크대가 들어앉아 있었습니다. 현관의 타일과 화장실의 위생 기구는 김 선생 내외가 서울로 와서 저와 함께 논현동 자재 상가에 가서 골랐습니다. 계단실은 예정대로 김 선생이 켜서 말려놓고 기다리던 아카시아나무로 계단 발판을 만들었습니다.

1층에서 계단을 올라가다 계단참과 연결되는 테라스는 북쪽을 제외하고 세 방향이 열려 있습니다. 테라스는 침목으로 마무리하고 철제 난간을 올렸습니다. 제가 학교 걸상이나 하나 얻어다 놓으면 좋겠다고 했는데, 김 선생이 직접 만들어놓았더 군요.

그 걸상에 앉아 해가 뜨고 지는 것을 보면 좋을 것 같았습니다. 그리고 테라스에서는 집 앞의 논이며 집을 빙 둘러치고 있는 산도 한눈에 들어옵니다. 테라스 밑에는 이제 제법 커진 복돌이의 집을 놓을 예정이라고 했습니다.

주변이 나무와 풀이다 보니 벌레들이 들끓어서 처음에 집 주변에 횟가루나 숯가루를 뿌리자고 했습니다. 그런데 할머 니께서 숯은 귀신 쫓아낸다고, 즉 나쁜 귀신 쫓는 것은 좋지만 조상 귀신까지 들어오지 못한다고 해서 그만두고 횟가루라도 뿌리자고 했습니다. 그러나 무엇이 그리 바빴는지 모두 잊어버 리고 그냥 넘어갔습니다.

마당에는 이런저런 공사 도구와 폐기물들이 널려 있었습 니다. 할 일은 태산인데 모두 지쳐 있었습니다. 거실에서 아쉬 운 점은 김 선생이 그렇게 바랐던 온돌 마루를 깔지 못했다는 것입니다. 마루를 깔려면 바닥이 고르게 시공되어야 하는데, 충주에서 온 미장하는 사람이 일이 서툴렀던지 바닥을 고르게 깔지 못했나 봅니다.

그리고 내심 내키지 않았지만 틈새를 메우기 위해 드라이비트를 시공했습니다. 덧붙여놓은 속살을 회색 피부로 포장하는 작업입니다. 너무 쉽게 처리하는 것은 아닌가 하는 자책을 했지만, 한정된 공사비 내에서 할 수 있는 최선의 선택이라고 자위했습니다.

철판 위에 모기장 같은 파란색 망을 시멘트 모르타르와 접착제를 섞어 바르고 양생을 시켰습니다. 날씨가 더워 쉽게 말랐습니다. 그리고 손으로 질을 했습니다. 외부에 나무로 만들려던 몇 가지 장식은 시간과 시공자의 '탈진'으로 포기했습니다. 드라이비트 시공이 끝나니 여름이 거의 다 지나갔습니다.

공사가 끝났습니다. 할 일을 많이 남겨놓은 채 시공 팀이 철수했습니다. 형식적으로 큰일들은 거의 끝났지만, 할머니 방 툇마루를 달아야 하고, 거실 창 차양을 달아야 하고, 사랑방 앞에 담을 만들어야 하고, 현관 담도 만들어야 하고, 마당도 정리해야 하고…… 할 일이 태산이었습니다.

집은 주인의 손으로 넘어왔습니다. 이제는 주인이 집을 키워나갈 차례입니다. 8월이 들어서며 김 선생은 그간 어깨 너머로 배운 목공 일을 조심스럽게 시작해보았습니다. 첫 작품은 사실 목공 일은 아니었습니다. 외벽을 만들다 남은 샌드위치 패널을 재단하고 조립해 복돌이 집을 지어준 것입니다. 그다지 잘 만들어졌다고 할 수는 없었지만, 아무튼 진정한 의미의 첫 작품이었고, 까다로운 할머니가 칭찬해주셨다더군요.

용기백배한 김 선생은 본격적으로 한구석에서 목수 일을 시작했습니다. 전기톱이며 못 박는 타카, 전기 대패 등을 빌리고 판자 조각에 연필로 제작도를 그려가며 이것저것 만들기 시작했습니다.

사과가 익기 시작할 때 상산마을에 놀러 갔습니다. 마당은 어질러져 있었고 김 선생은 본채와 사랑채 사이에 작업대를 놓고 나무를 켜고 대패질을 하고 있었습니다. 저는 "목수 다 되셨군요"라고 농담을 했습니다.

김 선생은 사랑채에 만들어놓은 이불장을 보여주었습니다. 문이 잘 닫히지 않는 엉성한 이불장이었습니다. 사랑채에 불을 지피고 뜨뜻한 아랫목에 앉았습니다. 호롱불 대신 백열전구가 달린 스탠드를 켰습니다. 엉성하지만 직접 만든 가구들, 할머니 방 앞의 툇마루, 땅과 건물이 만나는 부분에 만들어놓은 화단……. 집이 자라고 있었습니다. 집은 그렇게 주인의 숨을 불어넣어주는 것이고, 또 그만큼 자랄 것입니다.

에
필
로
그

집으로 가는 길.

저는 서울에서 태어나 줄곧 서울에서 성장했
습니다. 세상이 얼마나 넓은지 보지 못했고 다만 제가 자라며
익숙하게 보아 편안해진 우리 것, 특히 들꽃처럼 자라는 우리
집들을 좋아합니다. 도시를 조금 벗어나면 만나는, 콘크리트나
아스팔트에 덮이지 않고 용케 살아남은 우리나라의 땅을 좋아
합니다. 땅의 건강성을 좋아합니다. 그리고 어쩔 수 없이 부대
끼며 살아야 하는 포화 상태의 서울에서 적당히 타협하며 살고
있습니다.

진리는 바로 제가 서 있는 이곳에 있다고 생각하는 적당
히 보수적인 단군의 자손입니다. 저의 정치적인 성향은 좌도 아
니고 우도 아닌 어중간한 곳에 걸쳐 있습니다. 차를 몰고 길에

나서면 난폭해지고, 일요일이면 근처 대형 마트에 가서 쓰지도 않을 물건을 이것저것 카트에 담거나 하루 종일 텔레비전 앞에서 빈둥대고, 사회에 대한 가치판단은 9시 뉴스를 보고 합니다. 세상일에 대한 판단을 다른 사람에게 맡기면 참 편합니다.

"Plain Living and High Thinking(평이한 생활과 고매한 생각)"을 금과옥조로 여기며 저의 이런 단세포적인 생활을 애써 그런 경지와 동일시하며 살고 있습니다. 별로 모험을 즐기지 않고 남들이 걸었던 안전한 길로만 다니는 평범한 사람입니다.

건축 설계가 제 직업입니다. 건축을 시작한 지는 40년이 다 되어가고, 제 이름 걸고 집을 짓기 시작한 지는 20년 남짓 됩니다. 제 일을 얼마나 잘하는지는 모르겠지만 여태까지 별 문제 없이 해내고 있습니다.

저는 제가 하는 일에 대한 허영심이 포함된 '일방적인 자부심'을 가지고 있습니다. 항아리에 대고 소리치듯, 거울 보며 혼자 이런저런 표정 지어 보며 놀 듯, 저의 자부심은 공허하기 그지없지만 자신의 일에 긍지를 가지고 있다는 것은 그리 나쁘지 않다고 생각합니다.

사실 건축이란 직업은 인류의 역사와 같이한 유서 깊은 직업입니다. 인간에게 집이란 매우 독특한 의미를 가집니다. 단순히 비와 바람을 피하는 물리적인 껍질만이 아닌, 자아의 실현이라는 의미를 함께 가집니다. 그런 집을 짓는 행위가 건

축이며, 그 일을 직업적으로 수행하는 사람이 건축가입니다.

집을 설계하는 것은 그리 쉽지 않습니다. 불특정 다수의 집을 표준적인 데이터로 짓는 것이 아닌 특정한 가족의 프로그램을 담는 집을 설계하는 일이란, 간략한 여행 지도 한 장 들고 길을 나서는 것과 같습니다. 더구나 그 지도는 자상하게 골목길까지 나와 있는 지도가 아니라 출발지와 도착지 두 지점만 표시된 약도입니다. 두 지점을 잇기 위해 건축가들은 상상력, 이해력, 인내심 등 동원할 수 있는 것은 죄다 동원합니다.

설계를 시작할 때 처음 만나는 것은 건축주가 툭툭 던지는 피상적인 단순 정보들입니다. 구슬을 서 말쯤 마당에 풀어놓습니다. "안방에는 열두 자짜리 붙박이장을 넣어주시고, 화장실은 두 개 넣어주세요. 마당에는 잔디를 깔아주시고……." 삶의 경험이 비슷하고, 바라보는 곳이 일정하며, 생활의 패턴이 비슷해서일까요? 대부분 열심히 적고 열심히 기억하지만 언제나 별다른 것은 없습니다.

이럴 바에는 집도 백화점에서 기성복을 사듯이 사는 것이 더 합리적이지 않을까 생각도 해보았습니다. 그래서 오히려 제가 주문을 하는 때도 있습니다. 제가 존경하는 집 몇 채를 골라 주인에게 주고 "한 번 봐주십시오"라고 말입니다. 이를테면 정신적 교감이랄지, 공유하는 무엇인가를 만들어보려는 어설픈 시도입니다.

그 다음으로 만나는 것이 그곳의 환경입니다. 주로 땅에

얽힌 것들인데 아무런 이야기가 없습니다. 저는 항상 당혹스러워합니다. 아무 소리도 들리지 않으니까요. 그러나 땅은 분명히 이야기할 겁니다. 단지 제가 듣지 못하는 것일 겁니다.

"안방은 이렇게 놓고 대문은 이렇게 놓고 창문은 이렇게 뚫어라. 그리고 무엇보다도 여기는 피해서 건물을 놓아라." 이런 이야기를 소곤소곤 하겠지만, 저는 가는귀가 먹은 사람처럼 알아듣지를 못합니다. 컴컴한 방에 들어가 스위치를 찾듯 땅의 요구를 알아듣기 위해 너듬더듬 찾아 들어갑니다.

마지막으로 만나는 것은 저의 의지입니다. 저의 의지는 주관적이고 관념적인 기호이기도 합니다. 혹은 제가 건축을 이해하는 방식이기도 합니다. 상황에 따라 바뀔 때도 있지만 이 일을 하며 생겨난 나름의 가치관인데, 건축이란 근본적으로 살아 있는 유기체라는 것입니다. 건축은 오래전 우리 조상들이 남겨주신 '가보家寶'와 같은 것입니다. 저는 그 '유산'을 신봉합니다.

건축이란 땅과 같은 리듬을 가져야 하고, 주인과 같은 리듬을 가져야 하며, 무엇보다도 성장하는 것이라고 생각합니다. 그럴 때 건축가는 무당과 같은 존재가 됩니다. 사람의 이야기를 듣고 땅의 이야기를 듣고 둘 사이를 연결해주는 역할을 합니다. 세 개의 요구가 마구 비벼집니다. 셋이 기분 좋게 배합이 되는 경우도 있고, 마구 충돌해 아무도 만족하지 못하는 경우도 있습니다. 언제나 그 세 개의 요구가 있습니다.

집은 자기의 실현입니다. 집은 자기 손으로 지어야 합니다. 건축가는 집주인의 이야기를 정리해주는 역할에 머물러야 합니다. 그러면 집은 계속 자라날 것입니다. 아이들이 자라듯이 집도 스스로 자랄 것입니다. 체세포 증식을 하듯 집이 동쪽으로 뻗어나갈 것입니다. 그리고 그 집은 나무처럼 열매를 맺고 나무처럼 자랄 것입니다.

박경리, 『토지』(전21권), 나남, 2002년.
박완서, 『그 많던 싱아는 누가 다 먹었을까』, 세계사, 2012년.
──, 『그 산이 정말 거기 있었을까』, 세계사, 2012년.
──, 『엄마의 말뚝』, 세계사, 2012년.
서정주, 『질마재 신화』, 은행나무, 2019년.
──, 『학이 울고 간 날들의 시』, 은행나무, 2015년.
쇠렌 키르케고르, 임규정 옮김, 『죽음에 이르는 병』, 한길사, 2007년.
애거서 크리스티, 김지현 옮김, 『목사관의 살인』, 황금가지, 2007년.
이상국, 『집은 아직 따뜻하다』, 창비, 1998년.
하산 파시, 정기용 옮김, 『이집트 구르나 마을 이야기』, 열화당, 2000년.
홍명희, 『임꺽정』(전10권), 사계절, 2008년.

나무처럼 자라는 집

ⓒ 임형남 · 노은주, 2022

초판 1쇄 2022년 6월 14일 찍음
초판 1쇄 2022년 6월 20일 펴냄

지은이 | 임형남 · 노은주
펴낸이 | 강준우
기획 · 편집 | 박상문, 김슬기
디자인 | 최진영
마케팅 | 이태준
관리 | 최수향
인쇄 · 제본 | 한영문화사

펴낸곳 | 인물과사상사
출판등록 | 제17-204호 1998년 3월 11일

주소 | (04037) 서울시 마포구 양화로7길 6-16 서교제일빌딩 3층
전화 | 02-325-6364
팩스 | 02-474-1413

www.inmul.co.kr | insa@inmul.co.kr

ISBN 978-89-5906-633-9 03540

값 19,000원